计算 30 年

——国家 863 计划计算机主题 30 年回顾

梅 宏 钱跃良 编

科学出版社

北 京

内 容 简 介

本书是对国家863计划实施30年计算机主题发展的回顾，由四方面内容构成。由863计划计算机主题历届专家组的部分专家分别撰写，从不同视角回顾863计划计算机主题发展、分享自己的体会和感悟，构成了本书的主体——回顾篇；第二部分人物篇介绍了863计划计算机主题历届专家组组成及其成员；第三部分成果篇介绍了在863计划计算机主题支持下所取得的若干重要成果，由成果的完成单位供稿；最后是史料篇，罗列了863计划计算机主题早期发展的大事，以及受863计划支持的获国家科技奖的重要成果等。

本书可供计算机科技工作者，以及希望了解改革开放以来我国科技事业发展，特别是863计划发展的人士阅读。

图书在版编目（CIP）数据

计算30年：国家863计划计算机主题30年回顾／梅宏，钱跃良编. —北京：科学出版社，2016.12
　ISBN 978-7-03-050840-9

　Ⅰ．①计⋯　Ⅱ．①梅⋯ ②钱⋯　Ⅲ．①高技术发展－中国－文集
Ⅳ．①N12-53

　中国版本图书馆CIP数据核字(2016)第289137号

责任编辑：赵艳春 / 责任校对：郭瑞芝
责任印制：徐晓晨 / 封面设计：迷底书装

科 学 出 版 社 出版
北京东黄城根北街16号
邮政编码：100717
http://www.sciencep.com

北京东华虎彩印刷有限公司 印刷
科学出版社发行　各地新华书店经销
*
2016年12月第 一 版　开本：787×1092　1/16
2018年 1 月第二次印刷　印张：21 1/2
字数：510 000
定价：139.00 元
（如有印装质量问题，我社负责调换）

序

难忘的岁月

放在我面前的《计算 30 年——国家 863 计划计算机主题 30 年回顾》，把我带回二十世纪八九十年代的难忘岁月。那时我刚来到当时的国家科委，受命组织 863 计划的实施。在那个年代，国家刚走出"文革"阴影，百废待举，无论人才、资金还是基础设施，科技界的状况都难以让人乐观。就在这样的条件下，以邓小平同志为核心的中央领导却做出了"惊天动地"的重大决策——中国要实施自己的高技术研究发展计划。

当时我们国家的经济体制还是以计划经济为主，科技界习惯于按照国家计划工作，只要完成计划就可以"交账"了。至于自己的工作如何变成现实的生产力或战斗力，科学家和研究人员用不着、也没有能力去操心。这种体制再加上"文革"的干扰，使得当时我国在高技术的各个领域与先进国家的差距越来越大，以致有一位领导同志感慨道："这样下去，也许再过几年我们的年轻科学家和国际同行连交流都不够资格了。"

863 计划的一大特色就是充分相信科学家集体的智慧，打破地区、部门界限，在全国范围遴选专家，组成领域专家委员会和主题专家组，具体组织研发工作。在中共中央、国务院确定的863 计划框架下由这些专家集体通过调研，自主进行技术决策。这对于克服当时面临的种种难题起到了关键作用。306 主题专家组是这些专家集体中的佼佼者。他们面临的是信息技术飞快发展，同时智能技术的发展跌宕起伏，未来方向扑朔迷离，预测极为困难，国内各部门不同背景的科学家众说纷纭，意见极难统一，而国家的研发投入在当时又极其有限，难以支持很多前景不明的探索方向，这样的一个复杂困难局势。然而这个集体能够通过客观的分析，综合国内外科学家的意见，紧密结合国家的需求制定出一个既实事求是，又富有创新精神的技术战略，专家组对于计算与通信(网络)、人工智能、模式识别(包括语音、文字、图像尤其是人脸识别)、机器翻译、大规模检索这些关键问题的技术发展方向有很准确的预测和判断。同时，有效的组织和高效的执行力，使 306 主题科技成果丰硕，大部分直接转化成生产力和战斗力。30 年过去了，回顾专家组的决策和实施，可以断言，306 主题为我国信息技术做出了无可替代的贡献，使我国信息技术的发展少走了很多弯路。如果说我国在信息技术发展过程中一定程度上实现了弯道超车，306 主题的贡献功不可没。

我曾经和 306 主题的不少科学家一起交换过意见，他们的献身精神和科学态度使我深为感动。他们对国家科技政策的坦率建言在很大程度上为当时的国家科委(及后来的科技部)推动科技体制改革提供了依据，他们克服自己学科、部门背景带来的局限，从全局出发，发扬"公正、献身、创新、求实、协作"的 863 精神，为广大科技工作者，包括我们这些在机关工作的同志树立了榜样、标杆。

30 年过去了，科技计划体制的改变使"863 计划"成为一个历史词汇，但 306 历届专家身上所体现的精神将永远是我国科技工作者的宝贵精神财富。

朱丽兰

前　　言

改革开放后的 1986 年，我国科技界发生了两件大事，一是年初的 2 月，国务院批准成立了国家自然科学基金委员会，另一是年末的 11 月，经中央政治局和国务院批准，《国家高技术研究发展计划 (863 计划)》正式颁布。此前，我国的科技体系主要是国家重大任务驱动的"自顶向下"的组织模式，1986年的这次科技体制改革，使得根据项目指南"自底向上"的自由申报开始成为我国科技项目组织实施的重要模式，同行评审和专家决策是其中的重要特色。而 863 计划实行的专家组负责制则是当时非常重要的一项改革，后来的发展历程也表明，专家组负责制发挥了预期的作用，为 863 事业的发展做出了重要的贡献。

虽然在"十五"以后的发展中，863 计划专家组的定位、角色和任务有所调整，但由科技部聘任专家组这种形式一直保持了下来。对所有参与 863 计划的专家而言，入选专家组是荣誉和责任并存，有幸参与并见证我国科技发展的这一段历史也是人生难得的历练和记忆。

正是基于这种认识和感受，2015 年春，在计算机主题历届专家组成员例行的年度聚会上，若干专家商量并提议，针对即将到来的 863 计划实施 30 周年，出一部回忆文集，既是对 863 计划 30 年的纪念，也是对大家在一起为我国科技事业努力、协同奋斗的亲身经历的怀念。同时，从"十三五"起，国家对我国科技体制将进行改革，对科技计划有新的总体部署，863 计划也将完成其历史使命。在这样的背景下，这个提议得到了与会专家的一致赞同！会后，梅宏、钱跃良和褚诚缘受命组成了编辑工作组，开始了为期一年多的策划和组稿工作。2016 年春，仍然是在专家组的年度聚会上，编辑工作组向与会专家汇报了工作进展，得到了大家的肯定和认可。随后，开始对书稿素材进行完善和补充，并于 2016 年 7 月进入出版程序。

本书是计算机主题的历任专家对 863 计划 30 年发展的集体回顾，是以计算为线索对 863 计划 30 年的一次画像。863 计划的 30 年大致可分为四个阶段，第一期 863 计划是从 1986 年开始到 2000 年，在这一期的 863 计划中，设有信息技术领域，在信息技术领域中，设置了智能计算机系统主题，代号 306。第一期 863 计划结束后，国家继续实施 863 计划，但周期从原来的 15 年变为了 5 年，与国家的五年计划衔接，因此在后来的 15 年里，863 计划分别称为"十五 863"、"十一五 863"和"十二五 863"。在这后 15 年的三期 863 计划中，也都设置了信息技术领域，但计算机主题的名称有所变化，在"十五 863"计划中，计算机主题的名称是"计算机软硬件技术主题"（代号 11）；在"十一五 863"计划中，取消了主题专家组，改设领域专家组，下设若干专题，智能感知与先进计算为其中专题之一；而在"十二五 863"计划中，又恢复了主题设置，计算机主题的名称是"先进计算技术主题"。

本书由回顾篇、人物篇、成果篇和史料篇四部分构成，其中第一部分是回顾篇，由 863 计划计算机主题历届专家组的部分专家分别撰写，从各自的视角回顾了 863 计划计算机主题的发展，分享了自己的体会和感悟；第二部分是人物篇，介绍了 863 计划计算机主题历届专家组组成及其成员；第三部分是成果篇，由五家 863 计划项目承担企业供稿，介绍了他们在 863 计划计算机主题支持下所取得的若干重要成果；第四部分是史料篇，包括 863 计划计算机主题的大事记，以及受 863 计划支持的获国家科技奖的成果列表等。

本书的成稿得到了各个方面的鼓励、支持和帮助！部分专家由于时间限制，未及赐稿，但仍对本书给予了最大的关怀和支持；在计算机主题专家组办公室工作过的各位同仁、承担过 863 计划计算机主题项目的部分单位，对本书的出版给予了关注和期待；曾在及仍在科技部工作的、和计算机主题有过工作关联的很多同志对本书的组织也给予了很多有益的指导和建议，在此一并表示感谢！特别的感谢要给原科技部部长朱丽兰女士，她是 863 计划启动时的国家科委主管领导，感谢她百忙之中拨冗为本书写序！

由于时间跨度比较大，有些事件发生的时间比较久远，专家回忆难以确保准确；素材收集过程中囿于途径和精力，也难以求全求准求细。为此，书中内容难免有遗漏或差错，敬请读者谅解。

目　录

序

前言

回　顾　篇

难忘的 863 岁月——863 智能计算机系统主题

专家组工作纪念 ················· 刘　峰（132）

往事四则 ················· 杨士强（142）

在 863 的那七年 ················· 李明树（154）

“我与 863”之琐事絮言 ················· 梅　宏（161）

跨越式发展与必然王国 ················· 唐志敏（179）

见证中国“芯”——我在 863 的那几年 ················· 黄永勤（184）

感悟与收获——我的 863 专家经历点滴 ················· 徐　波（189）

难忘延安行 ················· 陈左宁（195）

863 软件重大专项——国产操作系统与 Office 的

起点 ················· 廖湘科（197）

人　物　篇

历届主题专家组成员名单 ················· （203）

专家简介 ················· （208）

办公室成员及主要参与者 ················· （220）

主题活动（照片） ················· （221）

成　果　篇

从“一项 863 科研成果”到“一家上市公司”——863 计划

30 周年曙光公司成长纪实 ················· （229）

高端容错计算机——浪潮集团成果简介 ················· （237）

雪中送炭 不辱使命，锦上添花 成就梦想——记汉王科技

与 863 计划同行 30 周年 ················· （239）

史　料　篇

回

顾

篇

实录 863-306 初期(1987—1997)

——对战略目标的谋划历程

汪成为

(一)前　言

历史是群体运动在时空中留下的轨迹，863 计划是我国科技强国历程中的一个重要事件，我很荣幸成为其中的一员。对我们这一批科技人员而言，最严峻的锤炼是 863 计划初期对战略目标的谋划，因为这是在当时的主客观限制条件下，如何求取国家目标最优化的过程。

二十世纪八九十年代，我们用的是胶卷式的相机、"砖头式"的录音机，录像机更属稀罕之物，大容量数字存储设备价格昂贵，个人是无力录取并保存大量音像资料的。为完成本书的约稿，我只能如实地选摘我笔记本中有关事件的文字记录，取名"实录"后交稿。错误或不实之处，敬请指正。

(二)863 计划的酝酿和颁布

1986 年 3 月 3 日，光学专家王大珩、核物理专家王淦昌、信息技术专家陈芳允和空间技术专家杨嘉墀四位老科学家切身感到：在当今的世界上，谁在科技上落后，谁就在政治上、经济上受制于人。为了富国强民，为了吸引优秀科技人才，制订发展我国高技术的战略计划已成当务之急了。因此，他们联名向党中央递交了"关于跟踪世界战略性高技术发展的建议"。

3 月 20 日，国务委员张劲夫接见了四位老科学家，并通知他们：邓小平同志已于 3 月 5 日就此报告作了"这个建议十分重要，此事宜速作决断，不可拖延"的批示。随后，张劲夫与他们四位讨论如何落实的问题。

紧接着，国务院科技领导小组、国家科委和国防科工委立即行动，并于 1986 年 4 月初，召开了由全国 200 多位专家学者参加的座谈会。在信息领域方面，邀请了陈芳允、林兰英、常迵、叶培大、慈云桂等老专家，年青一代的高庆狮和我也被邀请。经过近一个月的讨论，建议我国的高技术研究发展计划包括七个领域(共十五个主题项目)：生物技术、航天技术、信息技术、激光技术、自动化技术、能源技术和新材料技术。在信息技术领域下包括三个主题项目：智能计算机(863-306)，光电子器件与微电子、光电子系统集成技术(863-307)，信息获取与处理技术(863-308)。建议在 2000 年前，由国家投资 100 亿，实行专家管理机制，分别就七个领域成立相应的专家委员会，实行首席科学家负责制，科研经费通过主题专家组直拨课题组。

为了形成中央文件、细化每个主题项目的目标，又组织了一些机关人员和技术人员，在国谊宾馆集中办公。1986 年 11 月，经中央政治局和国务院批准，《国家高技术研究发展计划(863 计划)》正式颁布了。

（三）信息领域专家委员会和智能计算机专家组

1986 年，全世界对人工智能技术的发展持相当乐观的态度，在日本"五代机计划"的影响下，各国纷纷制定国家级的发展人工智能技术的计划。在讨论我国的 863 计划时，与会专家也一致同意把智能计算机列为一个主题项目(863-306)。

经过各部门的推荐和多次评选，1987 年 2 月，信息领域专家委员会成立了，开始时由 7 人组成，即张克潜(首席科学家)、王启明和李淳飞(光电子)、高庆狮和我(智能计算机)、茅于海和匡定波(信息获取)。后来，在智能计算机主题中又增添了陈火旺。1987 年 7 月，在专家委员会下设立了第一届智能计算机专家组，由张祥(组长)、戴汝为(副组长)、王朴(副组长)、王鼎兴、孙钟秀、李未和陈霖组成。

我们这十个人(信息领域专家委员会三人，智能计算机专家组七人)来自不同的单位，有不同的经历，突然进入了国家级的专家行列，又被赋予了如此大的实权，要肩负起国家信息领域的战略谋划任务，在相当长的一段时间内，出现了严重的不适应现象，无论是思想境界、业务水平，还是组织管理能力，都存在着主观能力和客观要求的巨大差距。我们都来自从事某个局部科技领域的基层研究所或院校，习惯于从本单位、本领域出发思考问题。现在，国家要求我们不再是某个单位的代表了，要把 863 作为自己的"第一职业"，要确定战略方向、要身先士卒攻克技术难关、要审批和掌管大笔科研经费，我们一身兼任"教练员、运动员、裁判员"的角色。

对我而言，虽然从 1957 年起一直从事着与计算机、系统仿真有关的工作,但绝对称不上是一名智能计算机领域的专家,我是进了专家委员会后才"悬梁刺股"地恶补人工智能知识的。国家科委和国防科工委提出了"公正、献身、创新、求实、协作"的 863 精神,对我而言,还必须加上"学习"二字。

1989 年 10 月,为了简化管理层次,国家科委决定取消信息领域专家委员会,直接由主题专家组实施领导。成立第二届智能计算机专家组,由我任组长,张祥和李未任副组长,戴汝为、孙钟秀、王鼎兴、李国杰为组员。为加强对重点项目的研究和领导,1990 年 3 月,决定成立国家智能计算机研究开发中心,由专家组成员李国杰兼任中心主任。

当时,摆在专家组面前的首要任务就是制定 863-306 的战略目标了,既然称为"智能计算机专家组",智能计算机就应该是战略谋划的重点。

(四)该不该走日本"五代机"的路?

20 世纪 50 年代是人工智能技术的萌芽期。斯坦福大学的青年学者费根鲍姆(E. Feigenbaum),他曾是赫伯特·西蒙(Herbert A. Simon)的博士生,在 1977 年第五届国际人工智能大会上,他提出了"知识工程"的概念,这标志着人工智能研究从以往的以推理为中心,进入到以知识为中心的新阶段。1987 年,约六千多人参加了世界人工智能大会,Lisp 机是当时的热点话题,专家系统和智能工具已开始商品化的过程,逐步形成一门生产及加工知识的新产业——知识产业。

1982 年夏天,日本的"新一代计算机技术研究所(ICOT)"成立了,所长是渊一博(Kazuhiro Fuchi)教授,他优选了 40 多位年龄不超过 35 岁的年轻人,决心掀起一场人工智能和新一代计算机技术的革命。"新一代计算机"的主要目标是突破计算机的"冯·诺依曼瓶颈",研制"知识信息处理系统(KIPS)"。渊一博教授对他领导下的年轻人说:"将来,你们会把这段时间作为一生中最光辉的年代来回忆,这是一场革命,我们必须非常非常努力地工作,如果失败了,由我负完全责任。"

"知识工程"的奠基人费根鲍姆博士是这样描述这个庄严时刻的:"他们(指渊一博和 40 多位年轻人)断言,人工智能在许多领域已趋成熟,可以进行成体系的、有条理的研发,最终定能取得惊人的成果。他们确信人工智能一定能够实现,而他们就是使其实现的人。"

渊一博教授领导下的 ICOT,向世界公布了日本的"第五代计算机系统(Fifth Generation Computing System)"十年研究计划。紧接着,美国与欧洲各国急起直追,在世界上掀起了新一代计算机系统的研究浪潮。新一代计算机系统(或称智能计算机系统)具有计算、感知、记忆、推理和学习的功能,具有以语言、文字、图形和图像与系统交互作用的人机界面,是一个具有开发智能应用系统能力的环境。

1985 年,费根鲍姆撰写的《第五代——日本第五代计算机对世界的冲击》一书在世界科技界引起了极大的反响,该书的中译本在我国也得到了热销,我不止一遍深情地读这本书,费根鲍姆说:"渊一博和他的同事们是一批'科学武士',这些武士们认识到,日本是一个有一亿一千万人口的国家,但缺乏天然资源,可耕地有限。对大多数的国家来说,这种情况可以猛敲世界银行的大门。……但是他们意识到'信息'是一种新的国家财富,他们根据美国十五年前开始研究人工智能的历程,决定立即采取实际行动，而不是像西方知识分子那样地无聊争论，……他们决定以'知识处理系统(KIPS)'作为奋斗的目标"。

每当我读到此处，总是心潮澎湃、思绪万千，中国该怎么办？当时全世界正处于人工智能热的高潮，对日本的"五代机"好评如潮。在这样的背景下，如果我们也顺势而为地走"五代机"的路，那是顺理成章、无可非议的。但专家组的全体成员都意识到，自己正肩负着一个多么神圣的历史使命——中国的计算机和人工智能该走一条什么样的路呢？

1988 年 12 月，我作为由国家科委和教委所组织的代表团成员之一，参加了在日本东京召开的第五代计算机系统国际会议。在赴日本前，我做了认真的准备，读了以前数次会议的资料，在会上我仔细地听取大会报告、认真地分析会议展品的技术内涵。我感到与大会的对外宣传材料相比，渊一博教授所做的大会主旨报告还是比较客观的，他对"五代机"的定位和展望比七年前的预言低多了。

本次会议邀请了世界级的权威西蒙(Herbert A. Simon)在开幕式上做了题为"对认知科学的展望"的报告。我极其认真地听了他的报告，发现他似乎在回避一个敏感的问题——能否按预期设想实现日本"五代机"的最终目标。

于是，我强烈地希望能与西蒙和渊一博进行一次面对面的请教。西蒙教授在报告后的当天就要返回美国，感谢他在会场上与我进行了短暂的交谈，他说："总的来讲，对人工智能技术的进展，以往我过于乐观了。我知道中国也开始重视人工智能技术，建议你们很好地接受美国、欧洲、日本的经验教训。有些事不必重复地再做一遍了。"

感谢东京大学田中英彦(Tanaka)教授的联系，使我们能在大会后访问 ICOT，并和渊一博教授进行了交谈。由于他在本次大会上已经做了主旨报告，所以，他的谈话并未超出报告的内容。我们的收获是在 ICOT 能比较深入地参观他们的试验样机和研究项目的阶段成果，并和年轻的"武士们"进行了交流。我由衷地钦佩渊一博和他的弟子们勇于攻险克难的"勇士精神"，更羡慕日本政府能为此投入如此巨大的资金及其他资源，但也深感到许多关键技术尚处在探索和攻关阶段，离预定的最终目标还有较大的距离，我认为日本的"五代机"肯定将培养出一批优秀的技术骨干，但可能难以按期完成原定的"知识处理系统"的目标，863-306 应虚心地学习他们的经验，但不宜、也不可能走"五代机"的路。

会后，我们从日本到了美国，访问了一些学校和研究机构，回国后进行了认真的总结和分析，还分别邀请军用和民用信息领域的技术专家和管理专家，举行了两次需求研讨会，主要议题是："什么是我国最紧迫的需求"和"什么是我国当前的发展瓶颈"。

专家组在反复研究世情和国情，深入分析两次需求会议所反映的意见，评估了我国现有信息基础设施的状况，预估了可能得到的经费预算额度后，一致决定不走日本"五代机"的路，决心剖析世情和国情，坚持"需求牵引、技术推动"的原则，拟定了《863-306 的发展计划纲要》。1990 年 9 月，科技部在无锡召开了 863 计划"信息领域战略目标汇报会"，会议通过了 306 专家组所提出的发展计划纲要。

1992 年年底，日本的"五代机计划"结束了，ICOT 也解散了，日本又提出"现实世界计算计划（RWC）"，有人称它为"六代机计划"。世界和日本对过去的"五代机"和未来的"六代机"计划的评价极不一致,"仁者见仁,智者见智"。

1993 年,我赴日本参加世界首届"自治和非集中式计算机国际讨论会"。4 月 7 日,在高文的陪同下,在东京大学又一次访问了渊一博教授,诚恳地向他请教领导日本"五代机"的经验。渊一博教授说,他现在比以前清闲多了,和我们漫谈了整整半天,给我极大的启发。渊一博教授十分关心中国的智能计算机计划和进展情况,尤其关心专家组和项目组成员的年龄结构,他祝愿中国的智能计算机计划取得成功,并强调他所谈的仅是他个人的感受,不是正式的总结,请别发表,我们当然应该尊重他的要求。

我始终认为,渊一博教授是世界信息技术界的一位英雄和勇士,是我们学习的榜样。客观地讲,在日本"五代机"的历史中略带一点悲壮的色彩,但这绝非是渊一博教授一个人的责任。

(五)如何确定 863-306 的战略目标

发展计划纲要不等于战略目标的技术实现路线图。我们决定在"需求牵引、技术推动"的原则指导下,先从加强我国计算机的基础设施做起,集中人力和财力,尽快研制出自己的工作站、支撑软件、工具系统,优先突破中文信息处理的智能技术。同时,我们还向上级建议,应在信息领域内增设通信技术专家组。

经过数年的实践和修正,我们的技术实现路线图也逐渐明晰了。图 1 是 1997 年 12 月 17 日我在 863 战略研讨会上报告的一张截图,浓缩地反映出 306 专家组对计算机体系结构、基础软件、人机接口、智能应用等方向的战略目标。根据主客观条件，对每个方向也拟定了实现途径，甚至聘请专家组外的专家、教授协助专家组的工作。

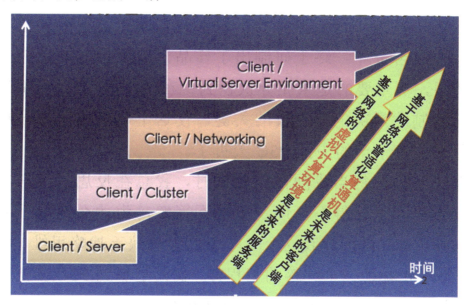

图 1　计算机系统体系结构发展趋势

　　从上面这张截图中就可看出，一条是基于网络的服务端的发展路线。从工作站—局域的机群—基于网络的机群—虚拟服务环境。当时国家智能计算机研究开发中心的"曙光1000"工作站、清华和北航的机群系统就是按这个思路部署的。感谢承担这些任务的单位、团队和个人，他们在极端困难的条件下，在极少资金的支持下，夜以继日地协同作战，并且都能按期完成任务，顺利地通过较为严格的鉴定，受到了业界和领导的好评，给863计划增光添彩。比较遗憾的是，我们未能保留客观反映当年艰苦奋斗场景的音像资料，位于科学院计算所院内的国家智能计算机研究开发中心的那座简陋的小楼也被拆除了，否则这些都会成为培育年轻一代的教育基地和素材。

　　截图中另一条是客户端的发展路线。专家组认为：面向个人应用，集计算、通信和娱乐于一体的简便式计算终端一定是未来的发展方向，我们把它取名为 P3C（Personal Computing、Communication and Consumption），即普适化的算通机。由高文负责，请怀进鹏和杨士强协助，后来又有联想公司的加盟，经过大家的艰苦奋斗，终于研制出了样品，但受当时的工艺生产条件所限，更重要的是未充分认识到：在 P3C 上的"应用"合作开发机制才是决定其成败的关键，使这个比美国苹果公司的 iPad 早诞生若干年的中国 P3C 夭折了。

若干年后，每当我回忆起此事时，我总在反思：我们专家组醒得不算晚、起得不算慢、干得不算懒，为什么跑得不够快呢？归根结底，是因为我这个专家组的组长缺乏战略思维、缺乏市场意识，我就是一个纯粹的工程师，我只是想到 P3C 在技术上的普适性，想不到在应用上的开放性和在市场上的良性循环。

我现在是一名 iPad 的老玩家，每当我用得十分惬意和得心应手时，心中总会略带一丝丝的酸意，以及愧对高文、怀进鹏、杨士强及联想公司各位同仁们的一番努力的歉意。

（六）从 863 计划到 S863 计划

从 1986 年到 1996 年，863 计划已经执行了 10 年了，世界形势和国情已发生了很大的变化，1997 年我国又启动了"国家重点基础研究发展计划——973 计划"。在庆祝 863 计划执行 10 周年的前夕，科技部要我们总结经验教训，并开始谋划未来 10 年的 S863 计划，这是又一次重要的战略谋划过程，是对专家组全体成员的又一次锤炼。

由于 1989 年已经把信息领域专家委员会撤销了，于是我被授命为"信息领域首席科学家"，组织信息领域的各专家组，

总结前十年的经验教训，谋划后十年的工作蓝图，理顺与 973
计划及主战场的关系。经过半年多的总结和协调，在 1997 年
12 月 17 日，向科技部报告了《S863 信息领域发展战略研究报
告(3.0 版)》。

S863 的周期为 2001—2010 年，指导思想是"发展高科技，
实现产业化；军民结合，以民为主"，实施策略是"自主创新、
跟踪跨越、系统集成、产业推动"。在信息领域内增加了通信与
网络专家组，对智能应用和信息安全可信也已提出更迫切的需
求。我们建议的 2001—2010 年的项目规划如图 2 所示。

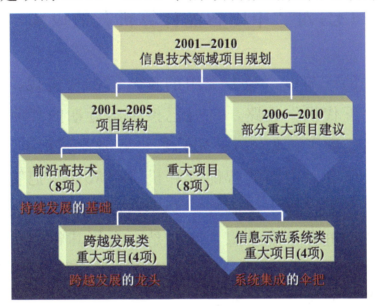

图 2　S 项目规划

其中跨越发展的 4 大项目(我们称之为"龙头")是：芯片
设计技术、高性能信息网络、先进计算机、中文信息处理平台，
简称为一芯、一网、一机、一台。用 4 大信息示范系统集成 863
计划所突破的关键技术成果，并促进相应产业的发展，它们是：
智能化农业信息处理系统、经济及教育信息示范系统、地球空
间(对地、海和大气观测)信息示范系统、仿真和实用的虚拟现

实示范系统。8 项前沿高技术是：微细图像曝光关键技术、高性价比的信息处理平台关键技术、通信关键技术、面向未来主流机型和中文环境的系统软件关键技术、新型计算机关键技术（多模式人机接口、面向需求的软件工程）、新一代对地观测关键技术、光显示及光互联关键技术、高性能计算机网络和信息安全关键技术。

在实施政策方面，特别强调与"主战场"的合作，与 973 计划的协调，以及对高级人才的培养。

（七）对"中国智能计算机"的设想

在过去的十年里，经专家组的反复研讨和实践，我们决定不走日本"五代机"的路，并且已拟定出近期的战略目标和技术实现的路线图了。但 863-306 是"智能计算机专家组"，最终的目标是研制"中国的智能计算机"。S863 又把智能工具和智能应用提到了日程上，因此，必须对我们的长远目标——中国的智能计算机有一个设想，哪怕是一个极其粗线条的构思，我是专家组的组长，"预则立、不预则废"，"无远虑必有近忧"，我有责任做些准备性的工作。

于是，在 863 计划执行的五周年到十周年前，我回顾并总结这几年的实践和体会，试写了一份《中国智能计算机（CICS）概念设计（草稿）》，此文反映了我个人对"中国智能计算机"的阶段性认识，是记录我探索过程中的一个"脚印"，随着将来的认识和实践的提高，再逐渐修改和补充。

以下是当时的主要观点。

现行的计算机（或称传统的计算机），是对符号进行处理和运算的机器，是一个仅仅能模拟人的部分逻辑思维的机器。但人类思考问题、学习知识、运筹决策并非都是算法式的。人的思维，除抽象(逻辑)思维之外，还有形象(直感)思维和灵感(顿悟)思维。

智能计算机应该是能对定量和定性知识进行获取、表示、处理和应用的机器。在理论和技术上，我们应该去极力追求实现智能计算机的突破点，但在实践过程中，由传统计算机到智能计算机的转变将不可能是一次性的突变，而是一个渐变的进程。我认为这种智能计算机的产生将是把传统计算机技术与人工智能技术逐步结合的过程。这种结合表现为：

在知识处理上——是定量和定性的结合；

在算法上——是程序化和非程序化的结合；

在数据类型上——是数字和模拟的结合；

在处理时序上——是串行和并行的结合；

在物理实现上——是电子和非电子的结合。

我们所追求的"中国智能计算机系统(CICS)"将是一个人机协同的系统，用户(人)是这个系统的有机的、不可分割的组成部分。在求解问题的过程中，机器是人的工具，也是人的脑力倍增器；人是机器的使用者，也是机器智能的培训者。随着各式各样的问题在这个人机协同系统上得到解决，人和机器的智能将同步地得到增长。

CICS 可以像模拟计算机那样对连续的物理量进行模拟和运算，但它绝不是二十世纪五六十年代模拟计算机的重复和衍生，因为它是建立在新的原理、新的范式和新的技术之上的。

CICS 可以根据需要汇集近十年来数字计算机的成就，但它已不是传统的数字计算机了，它将逐步地突破传统数字计算机能够成功地解决问题的先决条件。

CICS 不仅可以像自动寻优器那样对系统的参数进行寻优，而且已能对系统的原型（prototype）和系统的结构进行寻优和自适应了。

总之，CICS 是在思维科学原则指导下，遵循定性到定量综合集成方法论原理，集成了思维科学、计算机科学和人工智能科学成就的人机协同系统。

要设计出这样的智能计算机，必然还要克服许多理论和工程上的困难。世界上至今还没有这样的计算机，因此组织广泛和持久的研讨是必需的，要鼓励探索和创新精神，"路漫漫其修远兮，吾将上下而求索"，我们也应鼓励勇于实践、锲而不舍的攻关精神，"纸上得来终觉浅，绝知此事要躬行"。

组织研制这样一种智能计算机是一项很大的系统工程，"两弹一星"的经验将起十分重要的指导作用，那就是："坚持独立自主、自力更生、积极引进国外先进技术；坚持集中统一领导、大力协同、联合攻关"。

以上这些概念设计，只是我对智能计算机的一些构思和外特性的描述，说得直白一些，实际上我的追求是研制一种高级的、人机和谐的"傻瓜计算机"，它是一个逐步拓展和渐进的过程。迄今为止，这个概念设计从未正式发表过，但自1997年起，我曾在一些场合引用了其中的一些思想，也涉及为实现这个长远目标应部署哪些关键技术。

如，2001年8月24日向863信息领域专家委员会报告创建基于网络的人机和谐计算环境的关键技术，如图3～图5所示。

纵观过去，凡有助于减小人机隔阂的技术均有生命力
展望未来，创建基于网络的人机和谐计算环境

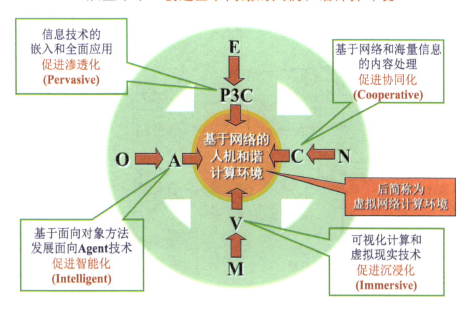

图 3 基于网络的人机和谐计算环境

虚拟网络计算环境所需的关键硬件技术

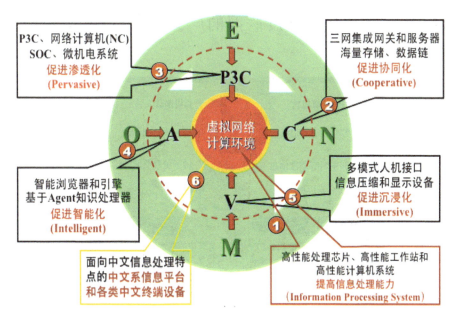

图 4 人机和谐计算环境硬件关键技术

虚拟网络计算环境所需的关键**软件**技术

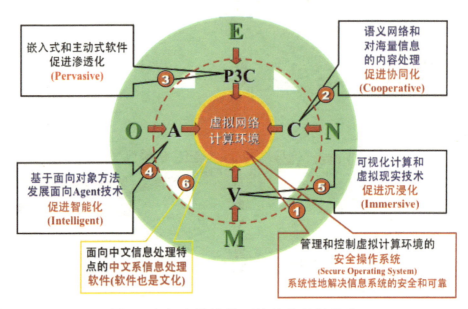

图 5　人机和谐计算环境软件关键技术

又如，2004 年 6 月 4 日，在中国工程院第七次院士大会上谈对 21 世纪初信息技术发展趋势的思考，如图 6～图 12 所示。

战略目标是构建"深度联网的广义信息（包括认知和决策）服务环境"。

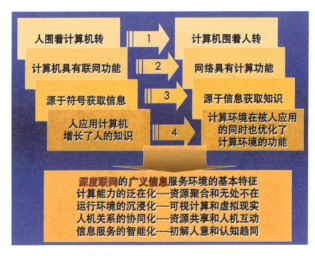

图 6　深度联网的广义信息服务环境

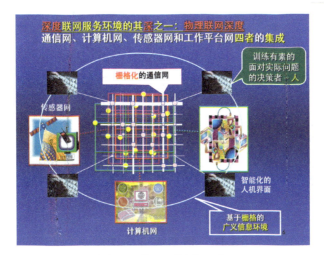

图 7 物理联网深度

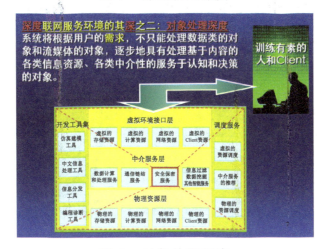

图 8 对象处理深度

图 9 决策支持的深度

图 10　透明服务的深度

图 11　支撑软件的发展趋势

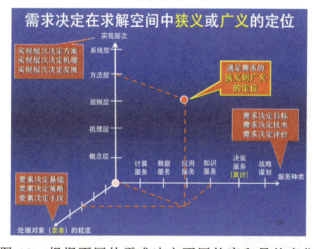

图 12　根据不同的需求决定不同的度和量的定位

(八)为国家培养优秀的青年人才

从 863 计划启动阶段开始，我们就深刻地感到，与世界强国相比，资金匮乏是我们的弱项，但更严重的是我们对世界信息领域的发展、动态和关键技术的进展知之甚少。于是，我们专家组一致同意把培养青年一代作为 863-306 的重大战略决策之一，不论经费多么短缺，事务多么繁忙，都应克服困难，筹集资金，汇聚资源，加强对青年科技人才的培养。专家组决定在暑期组织高级人才培训班，优选年青的一线骨干，免费参加培训班(我们戏称它是中国智能计算机的"黄埔军校")，我们请李未作为责任专家来筹划这件"功在当代、利在千秋"的工作。

在我的记忆中，在 1997 年前，共举办过两次高级人才培训班。经过李未的努力，请了若干位国内外著名的计算机和人工智能领域、正在第一线工作的专家到培训班授课，讲授这个领域的世界动态和发展趋势，大大开阔了学员们的眼界，受到一致的好评。

1999 年又组织了第三期培训班。专家组认为，经过前两次培训班，大家对世界该领域的动态已经有所了解了，目前更需要培训学员对国内需求和形势的认识，不只是拓宽他们的视野，更要提高他们面向国家需求，解决实际问题的能力。因此决定本期培训班的宗旨是：面向 21 世纪的数字化技术。由我讲解 S863、973 及主战场的需求，请陈钦智讲数字化图书馆与相关技术，请张亚勤讲数字化电视技术，请张宏江讲多媒体数据压缩与基于内容的检索技术，请李其讲数字化地球，请齐东旭讲数据嵌入技术与数字水印技术。最后举行数字化技术创作比赛，考核学员的创新思路和实际动手能力。

后来，我在国内外的许多场合，遇到一些信息领域的年轻才俊，他（她）们热情地和我握手时说："汪老师，您还记得我吗？我是××期的学员！"

（九）"公正、献身、创新、求实、协作"的863精神

从863计划启动起，国家科委提出了"公正、献身、创新、求实、协作"的863精神；专家组成员在原单位都是重要科研项目的负责人，在863计划中承担着"教练员、运动员、裁判员"的职能。除了树立一心为公的正气和作风外，也必须建立相应的管理和约束机制。

首先，专家组及办公室全体人员应树立艰苦奋斗的工作精神和工作规范。我们骑自行车赴会、选最便宜的旅店、边吃盒饭边开会、研究问题时人人畅所欲言、作出决策后大家同心协力。专家组下有一个小小的办公室，但他们履行着相当于一个大研究所科技处的任务。国家科委的领导及机关的同志们和专家组的关系十分融洽，他们戏称：专家组是司令部，我们是参谋部和后勤部；我们坚持科委机关是我们的上级领导，也是我们的同壕战友。

其次，建立严格的评估机制。专家组成员的所在单位如申请863-306项目指南中的项目，必须一视同仁地接受公开的测试和评估。我们对某些应用性较强的项目，聘请第三方拟定测试大纲，组织公开的评比和挑战。我们始终强调没有重点就没有战略，对有限资金的管理，绝不"撒把胡椒面，碗碗挂点味"。因此，既然一致同意把建立"国家智能计算机研究开发中心"

作为重大战略决策，就应该在资金分配上对其有所倾斜，同时强调把艰苦奋斗作为这个"中心"的灵魂。

我们不仅要评估各个项目的进展，也应评估专家组自身的战略谋划、技术路线和组织实施能力。自1988年学习和考察日本五代机，以及召开国内军、民两方面对计算机和人工智能的需求调研会后，863-306专家组已经初步制定自己的发展战略，并且也按照所拟定的路线图展开各项工作。但这样的战略谋划是否正确？技术实现路线图是否可行？于是，我们主动提出要邀请国际、国内的著名专家对我们的战略和路线图进行评审。在国家科委的支持下，1990年5月15—17日，在北京举行了一个规模很小但权力很大的"北京国际人工智能讨论会"。受邀请的国外专家有黄铠（K. Hwang，美国南加州大学）、H. Tanaka（田中英彦，日本东京大学）、J.T. Schwartz（美国纽约大学）、P. Treleaven（英国伦敦大学）、B. W. Wah（美国伊利诺伊大学）；受邀请的国内专家有吴文俊（中科院系统所）、唐稚松（中科院软件所）、李国杰（国家智能计算机研究开发中心）、戴汝为（中科院自动化所）、何新贵（北京系统工程研究所）。请他们作学术报告并对863-306的战略目标和实施业绩做客观的评审。会议由黄铠和我轮流主持，863-306的专家和机关人员列席会议。

会议除进行学术交流外，我作为863-306的组长，全面汇报中国智能计算机的发展计划纲要、目前所拟定的技术实施路线、经费分配、实际进展并演示部分项目的阶段成果。与会专家对863-306的战略规划和技术路线，进行了十分直率的评议，如：

这个发展计划纲要是比较切合当前计算机技术和人工智能技术的发展趋势的；

不必搞什么"智能计算机",至少不必搞智能计算机的硬件,目前计算机硬件的潜力还很大,并不是开发人工智能应用系统的瓶颈;

重点应开发智能应用系统、智能接口,研究人工智能的理论;

突破中文信息智能处理的瓶颈是很重要的,希望中国科学家做出贡献。

在会议的结束晚宴上,几位国外专家对我说:"Much better than we expected(比我们预期的要好得多)","Compared with the investment,current results are amazing(和投入相比,目前的结果是惊人的)"。

我作为一名中国的科技人员,能成为 863 计划的一员是十分幸运的,在谋划和执行 863 计划过程中所得到的锤炼使我终身受益,我将永远铭记"公正、献身、创新、求实、协作(对我还应加上'学习')"的 863 精神。

863 是一所大学校

李　未

1979 年，我作为国家选派的出国留学人员，到英国爱丁堡大学研读计算机科学，1983 年获得博士学位。之后，我接受了德国布莱梅大学的邀请，以研究员的身份参加了《欧共体发展信息技术的战略计划》(ESPRIT)的一个重点项目的研究。1987 年春天，学校来信说已推荐我为 863 计划专家，希望我回国效力。得知自己的国家也有了发展高技术的战略计划，我非常高兴，向项目负责人说明了情况，在得到他的理解和支持后，按时回到北京，担任了 863 计划智能计算机系统主题专家组专家，负责基础研究工作。我在这个岗位上一干就是十年，直到 1997 年才退下来。时间过得真快，转瞬间 30 年已经过去了。这 30 年，是我国科技工作大发展的 30 年，而 863 计划是这期间最早启动的计划，它对我国科技乃至经济的发展做出了历史性贡献。我以为，这种贡献主要体现在以下三个方面。

（一）引入竞争机制，首创了战略高技术研发计划的中国特色

我国经济体制的特色是竞争和市场经济对资源配置的基础性作用和政府对资源配置的宏观调控作用相结合。

863 计划是我国第一个在科研领域中引入这种机制的国家

计划。所谓"政府对资源配置的宏观调控作用",体现在科技部通过设立领域专家委员会来确定战略高技术主题。而对每个主题,又成立相应的专家组来确定课题;专家委员会和专家组经过尽可能深入的调查和研究,确定主攻目标、技术路线和经费投入。至于"竞争和市场经济对资源配置的基础性作用"则体现在公平竞争机制上:大学、企业和研究机构的科研人员及团队提交课题申请书,参加专家组组织的答辩和评议,采用票决的方式获得课题,即获得科研资源(包括科研经费和实验用房、设备等)。这种机制极大地调动了大学、研究所和企业参与高技术研发的积极性。

863 计划并非我国第一个高科技研发计划。早在 1956 年,我国就制定了《1956—1967 年科学技术发展远景规划》。这份 12 年的科技规划是一个伟大而成功的计划,它的实施使我国拥有了原子弹、氢弹、卫星和火箭,计划的实施和完成,使我国拥有了"自立于世界民族之林"的实力。但那时我国是计划经济时代,在当时的环境下,政府的计划调控是决定性的,大学、研究所和工厂分得的任务都是由上一级政府机关决定的,同级之间缺乏竞争,基本上是指令和分配。而在 863 计划中,竞争机制对课题的配置起到了决定性作用。哪所大学、哪个企业或研究所能获得课题(即科研资源),均需通过答辩、竞争和投票来决定。

这种科研体制和机制经过 863 计划的实践检验后,被国家自然科学基金、973 计划以及 2006 年制定的《国家中长期科学和技术发展规划纲要(2006—2020)》广泛采用。总之,在我国,把纵向宏观调控和横向竞争机制引入到战略高技术研发中,863 计划堪称首创。

（二）课题设置与管理与时俱进

作为国家战略高技术计划，863 计划始终紧盯国际前沿，除了保证研发目标和研究内容的先进性之外，更为关注研究成果向产业转型的可能性以及成本的可控性。例如，863 计划智能计算机系统主题，最初制定的战略目标是跟踪日本第五代计算机，所以主题名定为"智能计算机"。而在执行过程中专家组发现，日本的五代机的主要目标是实现自然语言翻译。它的技术路线是在自然语言之间找出语句和语法的翻译规则，再进一步使用逻辑符号来描述这些规则，最后在执行逻辑规则的计算机（即第五代计算机）上来完成自然语言的翻译。专家组进一步研究发现：由于自然语言之间的翻译规则，一是多到用人工无法完全找到，二是人们对什么是规则的认识也不统一，最重要的是实现这个目标不能直接有力地支持当时社会各行业的信息化和数字化；而同期美国的研发重点则是个人计算机、高速工作站、超级计算机和互联网，这些都是社会信息基础设施的核心装备，是工业和各行业实现信息化和数字化的先决条件。认识到这一层，专家组果断决定快速转向，把战略目标指向工作站、网络计算机甚至超级计算机。这个决策催生了曙光、浪潮系列的问世。此后，超级计算机一直是 863 支持的重要课题，不仅基本满足了我国工业信息化发展的需求，而且后期神威、天河系列的快速发展，更使我国在超级计算机研究方面从跟踪发展快步进入到国际先进行列，没多久又取得了国际领先地位。

863 计划的与时俱进也表现在管理方面。在 863 计划初期，根据"重点跟踪"的思路，专家组可以在自己主管的主题中申请课题。这使得专家组的专家具有既是"裁判员"又是"运动员"的双重身份，破坏了横向竞争的公平性。为此，科技部与专家委员会及时进行了调整，规定主题专家组专家在任职期间不得申请 863 课题，这项规定使课题竞争始终处于基本平等和公平的环境之中，保证了 863 计划的可持续健康发展。

（三）培养了一大批学术骨干和战略科学家

863 计划的实施，培养了两类专家：一是经过竞争取胜的课题组负责人，他们是课题的责任专家。他们有权选拔录用课题组成员，根据国家的规定，行使对项目经费使用的管理权。二是进入 863 计划管理层的专家，即专家委员会委员和主题专家组成员。他们具有提议和设立课题的权利，有聘请同行专家对所辖主题的课题进行评审及核查的权利。我们可把第一类专家称为学术带头人，而把第二类专家称为战略科学家。

以 863 计划"十五"期间计算机软硬件技术主题为例，从 2001 年正式启动 5 年来，国家共投入经费 68021 万元，地方部门匹配 35256 万元、单位自筹 70703 万元，签订课题合同书 317 个，累计有 7821 人参加了主题的有关课题的研究工作，其中高级职称 2958 人，中级职称 2679 人，初级职称 1232 人。据不完全统计，截至 2005 年 6 月，由主题资助的课题共发表论文 3827 篇，专利 545 个，软件著作权登记 587 个，由主题承担和参与制定的标准共有 17 项；有 5 项提案被国际标准化组织正式采纳。累计培养研究生 2390 人，其中博士 706 人，硕士 1598 人，培养的博士后 86 人。这说明 863 计划是一所大学校。人们亲切地称 863 计划是培养战略高技术专家的"黄埔军校"。

　　我曾担任过 863 课题负责人，也担任过智能计算机主题专家，是在 863 计划这个大学校中，在为 863 计划服务的过程中，逐步成长起来的。从这所大学校"毕业"后，我曾当过校长，也曾主持过我国大型飞机重大专项的论证工作，能完成这些任务，很大程度得益于在 863 计划这所大学校的学习和锻炼。加入 863 计算机这个群体是我人生的一大幸事，我为此感到庆幸和自豪。

　　在我国改革开放初期、百废待兴的困难时代，863 计划为国家的战略高技术发展闯出了一条具有中国特色的道路，它积累了经验，培养了人才，这些都为后来的中国科技和经济腾飞做出了的历史性贡献。

叙旧论今话短长

——回味 306 专家组和智能中心的早期活动

李国杰

1986 年 3 月，邓小平对王大珩、王淦昌、杨嘉墀、陈芳允四位科学家提出的"关于跟踪世界战略性高技术发展的建议"迅速做出批示："**此事宜速作决断，不可拖延**"，短短 11 个字启动了我国高技术研究发展计划。863 计划由此起步，至今已经 30 年了。我和汪成为、戴汝为、李未、王鼎兴、孙钟秀、李卫华、吴泉源、高文、刘积仁等老朋友有幸合作，参加 863-306 主题专家组早期的一些活动，这是我一生中最值得回忆的一段经历。

我国在不断地进行科技体制改革，863 计划已经完成它的历史使命，终于退出历史舞台。但 863 计划的功绩有目共睹，目前我国计算机领域科研的领军人物许多是 863-306 的专家，曙光、科大讯飞、新松机器人等上市公司是 863 计划支持的成果，华为、百度等龙头企业的研发骨干大多在读研期间参与过863 课题。863 计划早期的专家管理经验尤其值得总结和发扬。我曾反复地思索，为什么 863 计划给曙光一号课题的直接投入只有 200 万元，但曙光一号多处理机能作为全国的代表性科研成果写进 1994 年的政府工作报告？为什么曙光 1000 课题的投入只有 800 万元，但曙光 1000 大规模并行机能获得国家科学进步奖一等奖，而现在许多课题动辄上亿的课题经费，取得的成果却不尽如人意？863 机制的一个重要特点是专家决策，为什么专家决策后来被"改革"改没了？这是进步还是退步？863 计划到底给后人留下了哪些历史经验和教训？

我 1986 年年底回国，863 的 30 年恰好也是我回国后从事高技术研究和产业化的 30 年。30 年的风风雨雨，几多欢乐，几多烦恼。这篇文章我不打算对长达 30 年的 863 计划做全面回顾和总结，只凭记忆回味自己经历的与 863 有关的几件趣事。我觉得306专家组和智能中心的早期活动体现了 863 计划的活力。

（一）智能中心第一次组团访问美国

1990 年 3 月，国家智能计算机研究开发中心（简称智能中心）在北京友谊宾馆科学会堂宣布成立，我被国家科委任命为智能中心主任。成立后不久，我就率领智能中心代表团访问美国。代表团成员除了参与智能中心筹备工作的赵沁平、祝明发外，还有国家科委负责设备采购的官员和科招公司人员。代表团访问了美国斯坦福大学、伯克利大学、南加州大学、卡内基-梅隆大学和 SUN、SGI、DEC、Mentor、Encore 等公司。访问中有几件事至今还留下深刻印象。

在卡内基-梅隆大学（CMU），我们拜访了图灵奖和诺贝尔经济学奖双奖得主 Simon（司马贺）教授。Simon 的办公室里桌上、地上杂乱无章地堆满了各种书籍杂志（见图 1）。我们当时很想知道人工智能领域未来 10 年取得重大突破可能在哪个方向，以便规划和部署智能中心的研究工作，因此，我向他发问："What will be the biggest breakthrough in artificial intelligence research in the next 10 years"。我没有想到他的回答是："未来 10 年人工智能领域不会有什么重大突破，但可能有上千个小的突破"。作为人工智能的奠基人之一，他对这一领域的未来如此务实谨慎使我感到震惊，但现在看来他的判断是正确的。不仅 20 世纪的最后 10 年，甚至 21 世纪的前 15 年，人工智能都没有取得重大突破。目前炒得很热的深度学习也只是小的突破。回顾人工智能的历史，恐怕我们对人类的智能需要更多一点敬畏。

图 1　智能中心代表团拜访卡内基-梅隆大学 Simon 教授

我在国内读硕士和在美国读博士期间，与发明脉动阵列 (systolic array) 闻名于世的孔祥重教授 (H. T. Kong) 有过联系，夏培肃教授曾推荐我到他那儿工作几年再回国。在访问卡内基-梅隆大学期间，孔教授在他自己出资办的餐馆里宴请我们。他不赞同 863 计划提出的目标和任务，明确建议应像台湾一样从鼠标、显示器、板卡做起，不要试图在发展科技上搞"大跃进"。他甚至当面质问我："你在美国读的博士，怎么也跟着瞎起哄？"在以后的很长一段日子里，我经常反思孔祥重教授的质问。孔教授是美国工程院院士，可能是当时美国计算机领域最有影响的华人教授。如果请他来做国内的科技发展规划，能否比863计划做得更好？新中国成立初期，钱学森、邓稼先等一批热爱祖国的老科学家回国，确实对两弹一星等科技发展做出了突出贡献，但也有不少在国外工作的著名学者总是用美国或中国台湾的模式来考虑中国大陆的发展，并不十分了解中国国情，他们的意见只能作为"兼听则明"的参考，不能一一照办。30年的实践告诉我：深刻了解中国国情是在国内做战略专家的必要条件。

(二)智能计算机发展战略研讨会

智能中心刚成立就面临发展战略的选择。863计划306主题叫智能计算机主题，我们的中心叫智能计算机研究开发中心，显然国家的初衷是要我们研制智能计算机。但是，要不要追随日本人研制以并行推理机为标志的第五代计算机，我和专家组的一些学者都有疑虑。为了更广泛地听取国内外专家的意见，以智能中心为主办单位，306专家组于1990年5月在北京饭店召开了智能计算机发展战略国际研讨会。

我们邀请了美国总统科学顾问许瓦尔兹教授、人工神经网络理论的奠基者之一霍普菲尔德教授、日本第五代机的负责人之一田中英彦教授、美国伊利诺伊大学的华云生教授、南加州大学的黄铠教授、波音公司的德格鲁特研究员等参加会议发表意见。我国吴文俊教授等一百多名学者到会。宋健国务委员在人民大会堂接见了参加会议的外国著名学者(见图2)。

图 2　宋健国务委员在人民大会堂接见参加智能计算机发展战略研讨会的外国学者

　　参加会议的多数外国专家不赞成我们走五代机的路，建议根据中国国情，先研制工作站。我们将国外专家的意见整理成一个会议纪要上报国家科委。这次会议对智能中心选择以通用的并行计算机(从 SMP 做起)为主攻方向起到了重要的推动作用。值得一提的是当时从哈工大借调到智能中心的李晓明教授为会议的准备与组织做了大量工作。

(三)"顶天立地"发展战略

　　306 主题主持全国的智能计算机研究工作，306 专家组自然应指导全国的人工智能研究。但是当时全国没有统一的人工智能学会，从事人工智能研究的学者分布在计算机学会、自动化学会和其他学会中。1981 年成立的中国人工智能学会是挂靠在社会科学院下面的一级学会，当时计算机领域的学者很少参加这个学会的活动。为了联合和统一全国与人工智能有关学会的活动，戴汝为院士做了不少努力，成立了旨在联合各人工智能学会的筹备委员会，请中科院心理所的老科学家李家治教授做筹委会主任。但由于种种原因，成立统一的中国人工智能学会的目的没有实现。

尽管统一的全国人工智能学会没有做成，但在筹委会的努力下，联合各有关学会召开了几次全国性的人工智能学术会议。1991 年 9 月 17 日在北京召开了全国第一次人工智能与智能计算机学术会议。我在这次大会上做了特邀报告，题目是"我们的近期目标——计算机智能化"。这次报告在国内第一次以"顶天立地——发展智能计算机的战略"的标题提出了"顶天立地"发展战略。当时讲的"顶天立地"战略还是狭义的，主要针对如何研制智能计算机。报告中指出："要开展智能计算机研究必须同时在两条战线上进行工作。一方面要努力突破传统计算机甚至图灵机的限制，探索关于智能机的新概念、新理论和新方法；另一方面要充分挖掘传统计算机的潜力，在目前计算机主流技术基础上实现计算机的智能化。863 计划智能计算机专家组把这种战略称为'顶天立地'战略"。1993 年，306 专家组正式提出"顶天立地"的口号，将"顶天立地"战略解释为："在理论和方法上有所创新、在关键技术上有所突破、在应用和产品开发上有所效益。"

（四）"24 号文件是不是党的领导"

863 计划最突出的特点是专家决策。不管承担 863 项目的单位级别多高，具体承担项目的牵头专家必须是项目负责人，专家组要与项目承担人直接对话。这种做法与传统的单位主管做法不同，曾引起一些单位领导的不满。我记得某单位和某大学的领导要求以单位领导作为项目负责人，被专家组拒绝后曾经质问"你们还要不要党的领导？"汪成为组长反问他们："863 计划是邓小平批示启动的，专家管理机制是党中央 24 号文件规定的，请问执行 24 号文件是不是党的领导？"这一场有趣的争论反映出推行专家决策机制的阻力。

但与此成鲜明对照的是有些高层领导十分尊重 863 专家组。20 世纪 90 年代初，我与 306 专家组其他成员多次去国防大学检查 863 课题进展，时任国防大学校长的张震上将（后来担任国家军委副主席）每次都出面接待专家组（见图 3）。有一次张震校长宴请专家组，在饭桌上不断发出"命令"，李未院士招架不住，竟然喝醉了。

863 的早期，专家组机制曾表现出及时抓住市场机遇的灵活性。每年 306 专家组掌握的经费可能只有几千万元，但有单独的账号（与挂靠单位计算所的账号是分离的）。对急需立项的项目，有些不到一个月就可以把经费划拨到课题组。这与后来科技部采取的所谓"进库""出库"大不相同，信息技术变化很快，在"项目库"中沉睡一两年，机会可能早已丧失。

专家有局限性，官员也有局限性，专家中有了解国家战略需求的明白人，官员中也有懂技术的专家。简单地争论专家决策好还是官员决策好可能不妥，但专家组的集体意见必须得到重视，不能以专家的名义为官员个人的意见做背书。863 后期有些项目立项，几乎所有的专家（包括从国外请来的专家）一致反对，但几千万元经费照样拨出，这种项目失败的结局早可以料到。与 863 初期相比，我国的科技投入已有数量级的增长，但整个国家的科技决策能力并没有明显增长。核高基重大专项的决策摇摆也反映出决策能力和决策机制上的问题。总结 863 和其他科技计划的经验教训，首先要找到能做出正确决策的机制。

图 3　张震上将接待 306 专家组

（五）研制曙光一号

智能中心成立以后，在计算所改造了一座几百平方米的两层小楼（见图 4）。我与汪成为在二楼有了一间几平方米的小办公室（门上贴着老汪的名字，但他不常来，基本上由我独占）。306 专家组希望在小楼安排几间办公室，但实在安排不下，只能在外面租房子办公。一开始 306 专家组在中关村中学对面的大楼内租了几间房，后来搬到计算所南楼。

智能中心成立后的两年内没有拿出什么科研成果。由于招不到有计算机设计经验的人才，只能下决心自己培养。智能中心的年轻科研人员天天埋着头一行一行地读 UNIX 操作系统源程序，不少人在等着看智能中心的笑话，我的压力非常大。最开始我们在内部把要研制的计算机称为"东方一号"，大概是为了纪念 863 计划五周年,科技部招待一些科研人员在人民大会堂看文艺演出,现在已记不得是一个节目还是舞台背景上有"新时代的曙光"字样,反正当时给我的触动是"曙光"这个名字不错,我认为在我们这一代人手里,中国的高技术应该呈现出灿烂的曙光,立即决定将智能中心研制的第一台计算机叫"曙光一号"。以后 20 多年,"曙光"产品和公司就成了 863 计划的一个响亮品牌。

研制曙光一号是智能中心历史上精彩的一幕。当时决定派一支小分队到美国去研发也是逼出来的,国内的大环境实在太差。在硅谷租间房子安顿下来后,需要什么软件和零部件,打个电话就有人送来,有些软件还让我们免费试用。这种借树开花、借腹生子的做法大大缩短了机器研制周期。几名派出的开发人员在他们戏称的"洋五七干校"中创造了一项中国计算机研制历史上的奇迹,不到一年时间就完成了曙光一号研制载誉归来,实现了他们在"人生能有几回搏"誓师大会上讲的"不做成机器回来就无脸见江东父老"的诺言。

图 4　智能中心小楼

与现在的千万亿次超级计算机相比,曙光一号真是"小巫见大巫"。但曙光一号的研制开辟了一条在开放和市场竞争条件下发展高技术的新路,当时提出了"两做、两不做原则":完全属于仿制、没有自己知识产权的产品不做;只为填补空白,市场上没有竞争力的产品不做。集中力量,做国外对我封锁的技术和产品;努力赶超,做国外尚不成熟的技术和产品。现在看来,这些原则还应当坚持。

(六)开放的智能中心

1992 年进入智能中心的白硕博士(现任上海证券通信公司董事长)在他的一篇回忆文章"成长的日子"中写道:"进入智能中心有几大开心事:第一是全新的机制,在当时,从来没看见过哪个单位有如此轻装的行政和后勤。三四个人的办公室,把所有的繁杂琐事一概承包,真正做到了面向科研进行服务。第二是先进的装备,我们用的是当时最好的工作站,通畅的局域网,最齐全的资料。第三是学术制高点的位置,智能中心是863-306 的根据地,在这里我结识了各方面的专家学者,既了解许多领域的最新进展,也开阔了学术思路。智能中心形成的优良传统与作风,使我受益终生。总结起来,大概有这么几点:学术上的'三开'——开明、开放、开拓;管理上的'三重'——重实效、重创新、重协同;技术上的'三敢'——敢啃硬骨头、敢打硬仗、敢占领制高点。"

我倒是觉得,智能中心的开放和创新在白硕等年轻人主持的讨论班上体现得最为充分。智能中心有一个理论研究小组,他们发起了一个不定期的讨论班,讨论计算机科学和人工智能的各种前沿问题。没有做什么广告宣传，但是"桃李不言，下自成蹊"，清华、北大及周边大学感兴趣的研究生都知道这个讨论班，纷纷聚集到智能中心小楼参加讨论。目前在计算所领导生物信息学研究的贺思敏研究员当时在清华读博士（张钹院士的得意门生），他就是讨论班的常客。智能中心不但吸引计算机领域的年轻人，北大统计系的冯建峰博士（现在是复旦大学数学学院特聘教授，上海数学中心千人计划教授），中科院心理所的博士后傅小兰（现在是心理所所长）等都经常参加智能中心的活动。

　　智能中心的开放还表现在推广互联网技术的主动和热情。1994 年 5 月，在中国大陆正式接入 Internet 后不到一个月，智能中心就开通了 BBS 曙光站，开辟了八十多个讨论区，参与讨论的人很多，这是中国大陆的第一个 BBS。同时智能中心还收集了大量开源软件（早期专门雇人在美国下载开源软件用磁带捎带回国），设立了 FTP 网站，导致相当长的时间内计算所的网络输出流量大于输入流量。为了让制定互联网政策的官员见识互联网（许多官员不知互联网为何物，却参与制定了"上网人需要到当地公安局备案"之类的规定），还专门邀请了国家新闻办几十位官员到智能中心参观互联网。

（七）邀请国际大师讲课

　　智能中心成立初期大多数员工是刚毕业的博士生、硕士生，而且多数是计算机应用专业的毕业生，培训员工尽快学会怎样设计计算机、掌握体系结构和操作系统是我面临的紧迫任务。为了使国内学者了解国际前沿研究成果，1992—1993 年，智能中心先后邀请了有知识工程之父之称的费根鲍姆（E. Feigenbaum）教授、

RISC 的发明人 Patterson 教授（见图 5）、留美学者中在体系结构方面最有影响的李凯教授到计算所各举行为期一周左右的讲课。计算所南楼阶梯教室座无虚席，北大、清华等许多高校学生与智能中心员工一道听课，受益匪浅。我至今记得 Patterson 教授小鱼吃大鱼的漫画。这种形象的图片比长篇大论的文字更清楚地阐述了计算机的发展趋势。李凯教授"Mirco is fast"的名言对扭转当时"机器越大越有水平"的误解很有震撼作用。当时智能中心的青年学者求知欲很强，思想活跃，改变了计算所沉闷的学术氛围。

当时国外学者可能根本不知道中国有个智能中心，但我却没有觉得自己低人一等，也没有通过什么大人物牵线搭桥，单刀直入地邀请国际大师来智能中心讲课一星期，居然这些大人物都愿意来，真是有幸，现在我反而不敢这么做了。但是在邀请的过程中也有一些麻烦。Patterson 教授回信问我他是买飞机头等舱还是公务舱，我才知道邀请大学者讲学是不坐经济舱的，但智能中心肯定报销不了，只好要人家自己出钱。费根鲍姆教授要游览长江三峡，买了重庆到宜昌的头等舱（1500 美元），我报不了，也要他自己买票，但我答应派白硕全程陪他和他的夫人。

图 5　Patterson 教授在计算所南楼阶梯教室上课

（八）OCR 和口语识别测试

306 专家组早期做了不少工作，其中一件有影响的大事是每年在智能中心进行一次 OCR、手写体和口语识别测试。为了降低 OCR 错误率，清华大学、中科院计算所和北京信息工程大学三家联合，一篇文章用三家不同的识别程序识别，其中两家识别结果一致才通过，错误率可降到千分之一。为了获得语音识别的标准发音，特意邀请了中央人民广播电台方明等著名播音员来读单词。这种严格的测试工作对促进我国印刷体、手写体文字识别和口语识别技术的提升功不可没。专家组办公室的钱跃良为此做了大量的工作。

建立测试集、测试库是一项基础性的工作，各种研究都需要。专家组抓测试是抓对了方向。我的朋友，普林斯顿大学的李凯教授（他现在是计算机领域从国内出国的留学生中唯一的美国工程院院士）只花了 20 万美元，通过众包建立了包含数以千万幅计的图像库 ImageNet，现在已成为全世界深度学习图像识别的标准测试库，对推动深度学习和大数据研究发挥了重要作用。20 世纪 90 年代，为了做好语音测试，成立了国家智能计算机研究开发中心中国科大分部，由王仁华教授负责。他采集了大量语音测试素材，为科大讯飞奠定了基础。

（九）勤谋略、结连环、造大船、兴产业

306 专家组比其他专家组更出色的一点可能是对高技术产业化重要性的认识更早、产业化的部署也更早一些。306 主题

最早开展产业化的可能是深圳桑夏公司，由高技术司的张树武负责，我曾担任过董事长，重点做机器翻译等方面的业务。曙光一部分员工下海也很早，1993 年就成立了北京曙光计算机公司(小曙光公司)，后来在国家科委支持下，成立了深圳曙光信息产业有限公司。早期开展产业化工作的还有中科院自动化所的做手写识别的汉王公司、清华从事 OCR 的黑眼睛公司等。

306 主题专家组中李卫华和刘积仁是高技术产业化的代表。李卫华被誉为"拼命三郎"，可惜他 2003 年真的为公司的业务献出了年轻的生命。专家组多次参观过他办的华软公司，包括其美国分部。有一次在武汉大学室外场地开大会，一场大雨把我们都淋成落汤鸡。专家组也到刘积仁办的东大阿尔派公司参观学习，该公司为骨干员工修建的别墅式的住房和中国地图形状的人工湖给我们留下深刻印象。

大概是 1996 年前后，在 306 专家组和深圳市科技局的安排下，华为公司总裁任正非、刘积仁、汪成为、李连和(深圳科技局局长)和我在北京香山饭店开了一次旨在促进产业合作的小型座谈会，会上提出"勤谋略、结连环、造大船、兴产业"的发展战略。如今华为公司已经成为驶向全世界的"大船"，306 曾为华为的成长出过一臂之力。华为也曾投资曙光公司，是曙光公司的三个大股东之一，也算是结过一次"连环"。

(十)863 十周年展览会

1996 年 3 月，科技部在军事博物馆举办了 863 十周年成果汇报展览会。306 主题的成果安排在一进门显眼的位置。江泽民、李鹏、朱镕基等中央领导都来参观展览会。我负责向中央领导介绍 306 主题的成果，从智能中心的曙光服务器到汉王手写识别、快译通掌上翻译器等。曙光公司当时已研发成功网络浏览和搜索服务器，为了向领导们展示互联网的魅力，需要将展台上的曙光服务器联网，但军事博物馆当时没有上互联网，花了很大工夫才从外面接进来一条专线。我记得当时屏幕上显示南斯拉夫的一段当天新闻，迟浩田等国防部领导驻足观看了很久。

863 曾经是高科技的一面旗帜，后来影响力下降恐怕不能完全归因于国家设立了其他科技计划，应该有其内在和背后的深层次原因。古人云"以史为鉴可以知兴替"，希望科技部和全国科技人员认真总结 863 计划的经验与教训，使我国创新驱动的发展道路越走越宽广。

（十一）后　　记

时过 20 多年，本文提及的旧事细节我的记忆可能有差错，请知情者纠正。

863-306 记忆片段

高　文

　　我从1992年至2001年参与863-306专家组工作,其中1996年专家组换届之前担任专家组成员,换届之后担任专家组组长。这期间我刚好是36~45岁,是人生发展最重要的阶段,因此说863计划为我个人成长提供了重要平台一点也不为过。

　　863计划是改革开放的产物,伴随了我们这一代国内科研群体的成长壮大,影响了我们其中很多人的生活和研究轨迹。2016年是863计划实施三十周年,按说应该通过一次大庆来加强人们对她的认识和记忆。但是因为改革的原因,863计划将并入更大的科技计划,以后不再单独存在,不到三十年就画上句号令人唏嘘。我相信再过二十年,知道863计划的人大概不会很多。为了使科技界的后人们在需要的时候还能找到一些有用的东西,也为了给我们自己留下一些清晰长久的记忆,我们亲历者有义务为这段使我国高新技术一举成为国家发展战略重点的863计划写点东西。

（一）初　识　863

　　我第一次知道国家863计划、知道国家智能计算机专家组(863-306专家组)是1988年12月在日本东京大学读博士的时候，当时日本的第五代计算机计划（Fifth Generation Computer Systems，FGCS）正如日中天。FGCS 是由日本通商产业省（MITI 相当于我国的科技部+工信部+外贸部等部分职能组合）资助的一个十年研究计划，1982 开始，目标是研制专门支持人工智能的大规模并行处理计算机，目的是使得日本的计算机研究水平世界领先。东京大学的田中英彦教授是 FGCS 计划的参与者之一，我刚好选过他的课，他又是我博士资格委员会的成员，所以和他很熟。他曾经带我们去访问过 ICOT 研究所（Institute for new generation computer technology），见过 FGCS 的两个核心人物：渊一博博士（原 ICOT 所长，FGCS 结束后加入东京大学任教授）、古川康一博士（原 ICOT 副所长，FGCS 结束后加入庆应大学任教授）。正是因为这层关系，由汪成为带队的 863-306 访问团在访问东京期间我们见了面，汪老师等专家向我介绍了 863 计划和智能计算机专家组 863-306，我向专家们介绍了我所了解的日本第五代计算机计划，以及我所认识的几位核心人物。也正是因为 863-306 的关系，我后来与古川康一教授成为了好朋友，邀请他来北京、哈尔滨、长春、延边访问过，他也多次邀请我去日本访问，并在他家里做客。

按照日本专家的分类，从硬件发展上看，电子管计算机是第一代计算机，晶体管计算机是第二代，集成电路计算机是第三代，微处理器计算机是第四代。将多个微处理器组织起来执行智能计算任务应该是第五代计算机。从软件发展上看，机器语言是第一代，汇编语言是第二代，结构化低级程序语言（例如 C、COBOL、FORTRAN）是第三代，面向领域的高级程序语言（例如 SQL）是第四代，支持人工智能演算高级逻辑语言就是第五代了。硬件软件都做到第五代，那就是第五代计算机了。这就是日本第五代计算机研发计划名称的来源。为了演示第五代计算机的可用性，FGCS 将集成电路布线、基因序列分析、法律推理专家系统、数学定理证明、自然语言处理等五个系统作为研发对象，并在 1992 年计划结束时进行了演示。

客观地说，日本第五代计算机计划不是一个成功的计划，在当时基础研究准备和硬件发展条件都不具备的前提下提出如此庞大的目标是不实际的。这个结论在 1992 年我进入 863-306 专家组时就已经很明确了。

（二）进入 863-306 专家组

1991 年 2 月我完成博士课程，通过论文答辩，获得东京大学电子工学博士学位。当年 7 月，我回到哈尔滨工业大学任教。1992 年，经过学校推荐和专家委员会答辩，最终被选入 863-306 专家组，成为当时整个 863 计划 15 个专家组中年龄最小的专家组成员。当时的专家组成员还包括：汪成为（组长）、李国杰（副组长兼智能中心主任）、李未（副组长并分管计算机基础理论专题）、王鼎兴（分管计算机体系结构专题）、孙钟秀和李卫华（分管计算机软件专题）、吴泉源（分管智能应用专题）。其中吴泉源教授是 863-306 专家组内除我之外第二年轻的，虽然长我 13 岁，但心理年龄和我差不多，使我在专家组里并不觉得太年幼。进入专家组以后，我被指派负责智能计算机主题中五个研究方向之一的智能接口领域，担任责任专家直至 1992 年专家组换届。智能接口涵盖的研究方向包括：汉字识别、语音识别、语音合成、机器翻译、工程图识别、文本识别、多媒体处理、计算机视觉、虚拟现实等，凡是和计算机输入输出有关的研究都可以包含在内。我在做博士论文时，只专注在图像压缩和肺部图像辅助诊断，对其他方向并不深入。担任责任专家的几年后，通过课题评审、课题考察、学术交流，我逐步对汉字识别、语音识别、中文信息处理、工程图与文本识别、图像与视频编码、多媒体通信、智能交互技术、虚拟现实等技术方向有了深入理解，同时对国内上述方向主要研究团队有了深入了解。

（三）专家组成员先斩后奏的权利

回想在 863-306 专家组工作的经历，重温 863 计划的决策机制，我认为专家决策机制是最为成功的政策之一。当时项目指南的讨论定稿要经过专家组开会集体决定，在此之前责任专家要征求同行专家意见。项目指南发布申请提交过程结束以后，评审、立项过程也都是由专家集体决策，极少行政干预。我卸任专家组之后 863 的管理决策机制有过不少调整和改变，立项过程行政干预越来越多，引起科技界批评。2013 年我到国家自然科学基金委做兼职副主任，发现基金委的管理模式与当初我在 863 专家组时的决策机制非常接近，我非常适应。可以想象，如果 863 计划一直沿用当初的决策机制，现在的处境可能会完全不一样。

除了决策机制外，我觉得当时专家组里有一些规定相当好，例如专家组成员不得自己申请课题，但是每年给一部分研究经费以解决专家自己研究和培养学生的费用问题。再例如，每位责任专家每年合计有 20 万元项目资助经费可以先斩后奏，即遇到好的课题和团队时，可以先答应给其资助项目，等其课题任务书提交后再在专家组全体会议上报告并得到正式认可。

1993 年，我行使的第一个先斩后奏权利，就是在合肥中国科大参加全国语音识别与合成研讨会时，发现中国科大王仁华教授的研究思路非常好，想法很新，当即同意资助他 20 万从事研究。当时国内外从事语音合成研究的主流做法是参数合成，虽然占用内存很小，但是合成效果不好，不自然，一听就是机器合成语音。王仁华教授提出可以使用播音员录音的基音片段，加上处理后形成较为自然的合成语音。王仁华教授的课题完成得很好，后续继续获得了 863 计划滚动支持，并于十几年前开始了产业化，孵化了科大讯飞公司，成为国内外语音合成与识别产品厂商中的佼佼者。

（四）南 下 北 京

1991 年回国后我一直在哈工大工作，担任 863-306 专家组成员的几年里出差很多，专家组开会、课题评审、课题考察、课题验收等。那时专家组开会大多在北京，有时半天，有时一天。北京的专家半天会就花半天时间，我从哈尔滨来北京参加半天会就要花将近三天时间，因为当时主要交通工具是火车。1996 年专家组换届，我被提名做 863-306 专家组组长，但当时组长要求人要在北京，否则有紧急会议从哈尔滨来可能来不及。因为这个原因，我被从哈工大调到中科院计算所。当时征求我意见是否愿意去那里落脚，我选择了计算所，原因是不想在新单位与母校哈工大直接形成竞争关系。老专家组和科技部高新司也为我在计算所落脚做好了前期准备，国家由 863 计划支持成立国家智能计算机中心与摩托罗拉公司的联合实验室 JDL，让我出任 JDL 主任，为我在北京搭好了业务平台。

1996 年因为 863 计划，我从哈尔滨南下北京，一晃近二十年。可以说，863 计划改变了我的人生轨迹。

（五）承 前 启 后

1996 年换届时，我接替汪成为院士担任 863-306 专家组组长。交接工作时，汪老师向我传授了他的做人之道、领导策略和工作心得，有几条已经成了我的座右铭。比如，海纳百川，有容乃大；壁立千仞，无欲则刚。再比如，以铜为鉴，可以正衣冠；以人为鉴，可以知得失；以史为鉴，可以知兴替。在课题布局上，要稳住一头，放开一片。稳住一头就是要稳住重点攻关课题的团队，要给他们吃偏饭，让他们心无旁骛，专注研究开发，不要为三斗米折腰，不要为课题经费不足犯愁。放开一片就是一般性的研究鼓励大家多参与，要普惠到尽可能广泛的高校和研究所。我担任组长的几年中，压力最大的就是稳住一头这一块。当时重点保证的课题专家组几乎是不砍经费的，申请预算要多少只要核实了、只要资源调整的过来就优先保证。为了执行这个政策需要顶住来自上面（科技部）和下面（其他高校和研究所的课题组）的压力，其难度可想而知。最让人难受的是，被稳住的这一头有时还不满意，对专家组提出这样那样的要求。不过回过头来想想，和现在动不动就上亿的重大课题经费比起来，当时的几百万、一两千万还真是不算什么。我记得当时几个重点保证的课题经费并不多，像中科院自动化所的手写汉字识别系统（现在汉王集团的主打产品前身），东北大学的工程图纸识别系统（现东软集团的早期主打产品之一），中国科大的语音合成系统（现科大讯飞的主打产品），北京信息工程学院的全文检索系统(现拓尔思公司主打产品),课题规模都是每年几十万元。所以,对一个成果的长期持续支持才有可能走得远,短期大强度的支持对于高新技术研发不一定有效。

2001年专家组换届,按照科技部专家成员最多只能做三届的要求,我把专家组组长的位置交接给了怀进鹏院士,为我863专家组十年的工作画上了句号。1996年我从汪成为院士手里接过863-306专家组组长接力棒时,专家组在整个863计划中是最好的几个专家组之一。担任组长五年时间后,专家组的工作没有落后,仍然是863计划各专家组中最好之一,我可以问心无愧地交班了。

电脑农业走进了"女儿国"

吴泉源

电脑农业，或称农业专家系统，是计算机应用于农业领域的一种人工智能技术。该项技术能通过计算机模仿农业专家求解各类农业问题，使广大农民达到增收节支的目的，因而农民将其昵称为电脑农业。

为加强计算机为农业服务的力度，1995 年，在计算机专家汪成为院士和农学专家石元春院士的共同倡导下，在国家科委（现科技部）的领导下，国家 863 计划智能计算机系统（863-306）主题专家组开始策划与实施"智能化农业信息技术应用示范工程"。该工程的总体思路是：以推进我国农业信息化建设、直接服务"三农"为目标，以农业专家系统为突破口，将先进的信息技术与农学相融合，将现代软件工程与知识工程相融合，将定性推理与定量计算相融合，开发能在全国广大农村大规模应用的一批实用农业专家系统，并通过创新的推广机制，探索符合国情的智能信息技术服务三农的模式，促进农业生产的跨越发展。

我国是个农业大国，农业具有很强的生态区域性，植物种类繁多。20 世纪 80 年代，虽然我国农业专家在长期的科学试验与生产实践中形成了大量科研成果，积累了解决农业问题的丰富知识和海量科学数据，但缺乏现代化载体有效处理与利用，加之农民科技文化素质相对较低，信息意识不强，农村高层农业专家更是缺乏，因而农业新技术、新成果应用明显滞后，农业生产管理主要靠经验，不少农村还存在着靠天吃饭的现象，我国的农业科技进步贡献率仅40%左右，远低于美国、荷兰、以色列、英国、德国、加拿大、澳大利亚和日本等农业发达国家。为加快改变这种落后状况，在国家和地方的各种科技项目及基金的支持下，从80年代中后期开始，以我国计算机和人工智能领域的专家为主导，陆续推出了一些能够为农民提供某种实用生产咨询的农业专家系统，并于1992年作为重点课题列入国家863高技术研究发展计划，在实际应用中取得了明显的社会效益和经济效益。然而，这种零星研发的农业专家系统尚缺乏可重构的系统框架和统一规范的系统开发环境，特别是由于与农学专家结合不紧，农业知识库规模偏小，质量不高，系统的智能化程度偏弱，综合决策能力受到很大局限。为了使农业专家系统技术在全国农村大规模、多领域、多层次、高质量得到推广应用，有必要进行更系统的高层策划，在全国范围组织更强大的由多方专家组成的研发、管理和应用队伍，"智能化农业信息技术应用示范工程"正是在这样的背景下展开的。

1996年，国家863计划"智能化农业信息技术应用示范工程"正式启动。首先，成立了由北京农林科学院研究员、农学博士赵春江为组长的技术总体组，成员既有来自中国农科院、中国农业大学、南京农业大学和长春农科院的农学专家，也有来自中科院、吉林大学、哈尔滨工业大学、西安交通大学等院所的计算机专家。技术总体组的主要职责是：在主题专家组的领导下，组织全国技术力量协作攻关，研发一批实用的农业专家系统开发平台和应用框架，力争在农业专家系统的构造技术、关键智能技术和应用开发技术等方面取得重大突破，并通过应用技术培训、实地指导等方式帮助各应用示范区开发本地化的农业专家咨询系统，取得显著效益。

为探索符合国情的智能信息技术服务三农的应用推广模式，经试点和实地考察，"智能化农业信息技术应用示范工程"于 1996 和 1997 年建立了第一批应用示范区，它们是：北京、吉林、安徽和云南。在主题专家组的领导和技术总体组的具体指导下，特别是在示范区各级管理和应用开发人员，包括当地政府和活跃在农业生产一线的广大农科人员的共同努力下，第一批应用示范区成效显著，显示出智能化信息技术在广大农村具有广阔的应用前景和强劲的发展潜力。

为了及时总结经验，研究部署今后农业信息化科技工作，并在全国开展更大规模的"智能化农业信息技术应用示范工程"，科技部于 1998 年 12 月 24—26 日在北京召开了全国农业信息化科技工作会议。朱丽兰部长和徐冠华、韩德乾、李学勇副部长等有关领导出席会议并作了重要讲话，来自国内有关省、市、自治区科委及部门科技司、国内有关方面的代表一百多人参加了会议。会议交流了 863 计划及攻关计划在农业信息化方面的经验，讨论和部署了下一步目标。在示范区的交流发言中，尤以云南国家级特困县宁蒗电脑农业办主任成国正的发言最为生动、精彩，他用极其朴实的语言告诉人们：电脑农业深受农民欢迎，因为它是农村不走（即不会离开农村）的"农业专家"，高技术平民化在广大农村大有可为！朱丽兰部长作了大会总结报告，特别讲了高技术的贵族化和平民化的问题，赞扬了云南宁蒗推广电脑农业所取得的成绩，说他们破了高技术的平民化傻瓜化的难题。会议发布了《关于农业信息化科技工作的若干意见》和《863 计划智能化农业信息技术应用示范工程实施办法》。实施办法明确指出，"智能化农业信息技术应用示范工程"以农业专家系统等智能化信息技术为突破口，研制一批实用专家系统开发平台及应用系统，创建一批智能化农业信息应用示范区，培养一支高素质的农业信息化科研、推广队伍，在应用示范和推广中产生显著社会效益和经济效益，为我国农业科技水平的提高和生产力实现质的飞跃奠定基础。

这次会议把全国的农业专家系统的开发和应用推广工作推向了一个新的阶段。随着各地热情的不断高涨，306 主题专家组认真分析了不同地区对电脑农业的需求，经科技部批准，又在河北、甘肃、陕西、山东、天津、四川、湖南、山西等省（市和自治区），以及新疆建设兵团和黑龙江军垦农场建立了第二批示范区，后来，又在河南、广西、海南、辽宁、宁夏建立了第三批示范区。

按照科技部的指示精神，在 306 主题专家组的领导下，技术总体组针对农业特点，制定了符合软件工程规范的大规模农业专家系统技术规范，研制了四类可供示范区（点）选用的构件化农业专家系统开发平台与工具，并在实践中不断推出升级版。在此基础上，根据应用需求，还与本地专家一起，陆续研制了100 多种农业专家系统应用框架，建立了简单易学好用的面向农业生产流程的人机界面和面向农科人员及广大农民的平民化应用模式，并针对不同示范区（点）的特点，指导示范区的二次开发人员构建了包括品种、土壤、气象、栽培和饲养等要素的海量农业数据库及包含不同权威农业专家知识的大规模知识库和模型库，以及各类实用的农业专家咨询系统。

截至 2005 年，经各方协同创新与共同努力，"智能化农业信息技术应用示范工程"一共开发了水稻、小麦、玉米、大豆和棉花等 300 多个本地化的农业专家咨询系统，示范品种除以上关系国计民生、影响面大的五种主栽作物外，还延伸到了某些可能更适合当地农业发展的其他农作物，如蔬菜、水果、甘蔗，以及与设施农业相结合的花卉等经济作物，甚至扩大到了牛、羊、鱼、鳖等养殖业和某些农副产品深加工产业。其中集成的各类农业知识达 30 多万条，模型 1000 多个，数据 9000 多万个，并形成了单机/网络、中/外文、桌面/嵌入式等多类专家系统系列产品。在应用推广方面，示范工程依托应用示范区，在各级政府和涉农部门的支持下，建立了国家、省、市、县、乡五级技术培训和推广体系，农业专家系统在 28 个省（直辖市\自治区）、800 多个县（农场）、7000 多个乡镇得到持续广泛应用，增产节支累计上百亿元，受益农民数千万，并推广到了部分东南亚国家，取得了重大经济社会效益。

"智能化农业信息技术应用示范工程"促进了我国农业信息技术的跨越发展，其技术之新颖，规模之庞大，效益之显著，居国际领先水平。2003 年，"中国农业专家系统（Agricultural Expert Systems in China）"荣获联合国信息峰会大奖（e-Science）。在国内，各示范区的相关成果先后获省部级科技进步一等奖和二等奖近 20 项，2006 年，"农业专家系统研究及应用"荣获国家科技进步二等奖。

下面，主要谈谈"女儿国"所在的云南省和云南国家级贫困县宁蒗实施电脑农业的基本情况与几则故事。这里，"女儿国"主要指分布在云南宁蒗县（另有一部分在四川）境内泸沽湖一带海拔二、三千米高寒山区的摩梭人村落。"女儿国"因摩梭人沿袭母系社会阿夏（男性摩梭人）走婚的婚姻习俗而得名。

云南是一个有 26 个民族的多民族边疆山区省份，由于历史和自然等原因，新中国成立前，甚至在 1957 年民主改革前，有的少数民族还生活在奴隶社会，在宁蒗等集山、少、边、穷于一体的民族地区，刀耕火种、游耕游牧盛行，生产水平极其低下，人们过着食不果腹、衣不蔽体的悲惨生活。民主改革后，尽管云南民族地区实现了第一次社会发展的大跨越，由于极低的社会发展程度和生产力水平，在相当长的一段时间里，宁蒗等民族自治县依然处于吃粮靠返销、穿衣靠救济的特困状态，云南列入国家"八·七"扶贫攻坚计划的国家级贫困县占全国的 12.3%，达 73 个，居全国之首。脱贫的良策在哪里？良策在"科教兴滇"、"科技兴农"！

从 1992 年起，云南省民族事务委员会开始引进国家 863 计划支持的电脑农业专家系统，先后在澜沧、宁蒗等 5 个县作水稻和玉米专家系统的试点推广，收到了明显的增产效果，引起了云南省委和省政府的高度重视。1996 年 9 月，省政府决定把电脑农业列为云南省 1997 年重点推广的农业重大科技项目，并成立了由主管副省长为组长，省政府办公厅、省民委、省农业厅、省科协、省科委、省扶贫办、省农科院、省农大等部门主管领导为副组长或成员的云南电脑农业推广领导小组，领导小组办公室设在省民委，由省民委抽调 7 名专职干部组成，领导小组成员、省民委副主任马泽（藏族）任办公室主任。从此，云南省民族地区在省委省政府的统一领导下，走上了科技脱贫的康庄大道。在电脑农业的推广中，宁蒗彝族自治县的成绩尤为突出，也更为典型。

1997 年 9 月 25—30 日，受主题专家组委托，钱跃良和我到云南进行电脑农业的实地考察和调研，随行的还有参与云南电脑农业专家系统前期开发的合肥智能所高级工程师李淼和该所所长方廷健研究员。26—28 日，在马泽和省电脑农业办公室干部杨振洪（摩梭人）等陪同下，翻山越岭长途颠簸一整天，我们终于来到了地处滇西北高原俗称"小凉山"的宁蒗县，走进女儿国时还下起了鹅毛大雪。我们一进入宁蒗县县界，便受到一群身着民族盛装的摩梭姑娘在县科协干部和明芳（摩梭人）的带领下的夹道敬酒欢迎。宁蒗电脑农业的推广工作挂靠在县科协。在宁蒗，在女儿国，我们实地走访了电脑农业应用示范的农户，察看了大兴镇、红旗乡、黄腊乡示范田，在县电脑农业推广办公室观摩了电脑农业的软件演示，听取了县推广办主任、科协秘书长成国正从事贫困山区电脑农业推广应用工作的经历与体会，查看了成国正整理的堆积如山的电脑农业应用数据及每家农户的翔实资料，我们为成国正废寝忘食献身于宁蒗电脑农业推广应用的忘我工作精神而深深感动，更为宁蒗贫困山区的广大农户对加大电脑农业推广力度和加快科技脱贫步伐的渴求而深深感动。

1997 年 11 月，主题专家组报请科技部批准，云南省增补为 863 计划"智能化农业信息技术应用示范工程"的第一批示范区，马泽高级经济师为课题负责人。至此，云南电脑农业提升为国家重点支持的科技项目。按照 863 计划择优滚动发展的项目支持原则，1997 年至 2005 年，云南电脑农业得到了 863 计划"智能化农业信息技术应用示范工程"连续 4 轮（每轮约 2 年）的支持。在科技部和云南省委省政府的领导下，在主题专家组和技术总体组的指导下，经云南省府、地州、区县、乡镇、直至村寨各级从事电脑农业推广应用工作的干部和参与应用示范的广大农民坚持不懈的努力，云南农业专家系统无论在推广的规模和取得的效益,还是在智能化水平上都发生了质的飞跃,云南示范区及其重点推广县宁蒗在全国成为民族贫困地区成功应用高技术脱贫的一面旗子。

1998年1月7—13日,主题专家组委托清华大学21世纪研究院会同中科院软件所、中国农业大学、中国农科院等专家教授组成评估组,对云南电脑农业实施情况进行专题评估。通过大量实地考察、走访示范农户、与正在进行电脑农业培训的学员的交谈,以及听取各级电脑农业办的工作情况介绍和审阅相关资料等方式,最终的评估意见是:云南示范区此项工作政府领导重视,步子大,发展快,推广机制健全,推广力度强,效益好,对促进民族地区经济发展具有非常重要的意义。以民委牵头开展工作,切合云南多民族的省情,建议将电脑农业推广与民族地区的扶贫、与民族地区的经济发展进一步结合,以期获得更大的支持力度。

1998年10月16—21日,科技部高新司冯记春副司长、巫英坚处长和306主题钱跃良、褚诚缘、赵春江和我等一行6人赴云南昆明及宁蒗检查云南示范区建设情况。在马泽的陪同下,到宁蒗新营盘乡、宁利乡、大兴乡考察,与基层干部和农户座谈,还查阅了县农情资料数据,以及有关人才培训、群众科普组织等档案资料。冯副司长对云南示范区建设给予了高度评价,认为云南示范区工作做得好,成绩显著,证明高新技术为农业服务大有可为,并说宁蒗县推广机制健全,措施得力,从基层科技人员的献身精神,到领导对此项工作的重视,这是云南示范区及宁蒗县开展电脑农业工作的特色,值得在全国推广。

1998年12月6—9日,韩德乾副部长赴云南视察了306主题重点项目"智能化农业信息技术应用示范工程"云南示范区,听取了云南示范区项目实施情况的工作汇报；考察了省、州、县、乡四级电脑农业专家系统的有关情况，还饶有兴趣地到勐阿乡实地考察了千亩甘蔗对照田，并深入景洪、勐海等地区的示范农户，与当地农民进行了座谈，了解电脑农业专家系统的使用情况、效果及存在问题。陪同韩副部长视察的有科技部冯记春副司长和 306 主题李明树、钱跃良、褚诚缘和我，还有清华大学石纯一教授。我们还对云南示范区第一轮 863 课题（1997—1998 年度）进行了结题验收和成果鉴定。验收会上除听取结题报告外，还听取了宁蒗和勐海两个重点推广县的工作汇报，察看了县、乡两级农技人员的现场操作。云南电脑农业的推广规模已从两年前的 5 个县、300 多亩示范田发展到 35 个县、174 个乡镇的 197 万亩示范田，增产水稻、玉米、小麦 8500 多万公斤，新增效益 1 亿多元。鉴于云南示范区取得的显著成绩，验收组以 A（优秀）的综合评价，一致同意通过云南示范区第一轮课题验收。云南示范工程的成果鉴定结论是：功能齐全、技术先进、知识丰富、实用性强、应用效益显著，总体达到国际先进水平。

1999 年 5 月 31 日，主题专家组组长高文、办公室褚诚缘、技术总体组组长赵春江和我到昆明对云南示范区第二轮 863 课题（1999—2000 年度）进行可行性论证。我们充分肯定了云南示范区第一轮 863 课题取得显著成绩，并就第二轮 863 课题如何进一步发挥省内高层农业专家的作用，加强农情资料和专家知识的收集与整理，加强本地化农业专家系统的二次开发，进一步提高农业专家系统的智能化水平和增强综合决策能力等问题进行了认真讨论，并提出了许多建设性的建议。

1999 年 10 月 9—13 日，科技部在云南宁蒗召开了"863

计划智能化农业信息技术应用示范工程经验交流及现场会"。科技部韩德乾副部长等领导到会并讲话，高新司尉迟坚处长和306主题专家组、技术总体组、监理组的有关同志，国务院有关部委、十四个智能化农业信息技术应用推广示范区的有关领导和项目负责人，有关省市代表，新闻单位，共160余人参加了会议。会上，浪潮电子信息产业股份公司孙丕恕董事长代表公司向云南省及宁蒗县赠送了两台浪潮服务器。会议总结交流了全国各示范区智能化农业信息技术应用经验，讨论了863计划智能化信息技术应用推广工作规范与目标。会上，主题专家组组长高文教授介绍了863计划"智能化农业信息技术应用示范工程"的实施办法和体会，云南示范区马泽做了"探索民族地区农业科技跨越式发展之路"的讲话，云南省科技厅副厅长和宁蒗县县长做了大会发言，许多示范区进行了农业专家系统的应用演示。与会代表还赴宁蒗的宁利乡、大兴镇、红旗乡、永宁乡，参观了水稻、玉米、苹果等电脑农业示范基地，与乡镇农科人员、农户进行了座谈。韩副部长做会议总结，他说，"云南在农业信息技术应用方面是一个成功的典型，使贫困地区的经济建设转移到了依靠科技进步和提高劳动者素质的轨道上来，对于促进云南农村经济发展、巩固边疆民族地区的安定具有重要的政治意义。云南示范区取得的成绩，与云南各级领导和有关部门的支持是分不开的，在技术创新上、运行机制上、管理体制上、政策环境上积累了宝贵的经验。"为全面推动农业信息化科技工作，韩副部长最后代表科技部提出六点要求：一要统一思想，提高认识；二要加强领导与管理，做好统一规划；三要坚持需求牵引，技术驱动；四要突出重点，典型示范；五要认真总结，不断完善；六要明确目标，持续发展。

下面是几则我们到泸沽湖边的宁利乡和永宁乡现场考察时见到和听到的小故事。

宁利乡农技站站长陶顺宝是个 53 岁(现已退休)勤奋敬业的农村基层干部，他是推广电脑农业全县出了名的人物。有一次到特别保守的一个村推广电脑农业，为确保成功，他与站里其他两个干部各人拿出 200 元压宝，成功了钱归原主，失败了当作罚款上交，结果成功了。他给我们讲了一件事。宁利村公所徐家碾房自然村，45 户人家 400 来亩农田，按说吃饭不成问题，却年年要吃返销粮，乡里农技人员多次上门推广新技术，但村民们固执己见，认为这专家那专家，都是在办公室玩的，不顶事。于是，陶顺宝在村里蹲点一个多月，经历多少次争吵，终于在村里推广了按照电脑农业提供的"指导卡"实行水稻拉线条插秧的新技术。因为电脑农业指导下的水稻栽种方法、深浅、行距等指标都有严格控制，每株栽一苗，相比传统栽秧还省工，年末获得了大丰收，一举结束了吃粮靠返销的历史。曾经与他大吵过的一位农妇说，"老陶一把年纪，为我们送来了电脑农业新技术，还下田指导新技术应用，使我们夺得粮食大丰收，想起当初真不好意思。"是的，宁蒗电脑农业推广的好，基层科技干部功不可没。

在永宁乡，我们来到两块分别由父子管理的紧挨着的高原水稻田考察。一块是父亲的，他怀疑电脑农业，为了增产按老习惯施了大量氮肥，结果稻子疯涨，我们看到的是一片倒伏几乎颗粒无收的水稻；另一块是儿子的，他相信电脑农业，电脑基于测土结果和专家知识，告诉他不能再施氮肥了，他按照电脑农业发给他的"指导卡"种植，没有施一斤氮肥，我们看到的是一片生长良好、颗粒饱满、即将收割的水稻，据说亩产可达 300 多公斤。见到儿子的稻子既增收又节支，种了一辈子水稻的老农后悔不已，他深情地告诉我们明年也一定要参加电脑农业了。看来，农民是最实在的，一百句空话顶不上一件实惠！正因为电脑农业确实给农民带来了实惠，电脑农业才有了在农村大规模推广应用。

我们在永宁乡又来到南方苹果电脑农业示范基地，示范农户拿来他们种植的苹果请我们品尝，大家觉得像红富士一样好吃。农户告诉我们，刚引进南方苹果时，尽管请来农业专家讲授，因我们文化水平低，真正接受的知识很少，那时候结出的苹果小得可怜，酸得差点掉牙。后来，乡里开展了电脑农业，省农科院周汇研究员为他们开发了苹果专家系统平台，集成了多位南方苹果专家的种植知识，乡里组织农科人员录入当地的农情数据，开发了本地化苹果专家系统。农户按照电脑给出的"指导卡"种植，简单明了，真就结出了又大又好吃的苹果。农户说，以前觉得苹果树长势越茂盛越好，不懂得适时剪枝，现在按照电脑农业给的"指导卡"和电脑多媒体视频，农户知道了何时需要剪枝，学会了如何剪枝，好吃的苹果就长出来了。看来，高技术为贫困地区的农业服务确实需要平民化傻瓜化。农业专家系统包含作物生长全过程的专家知识，给出的结果具有综合性，且一目了然，所以许多农民说，他们相信专家更相信电脑！

2000 年 11 月 1 日，在科技部高新司冯记春副司长的带领下，李明树、钱跃良、赵春江、褚诚缘、石纯一和我考察了云南实施电脑农业推广工作的新成果，并对 863 计划云南示范区第二轮课题进行了验收评估。云南示范区在第二轮课题的实施中，升级了专家系统开发平台，加强了软件的二次开发和本地化应用，完成了水稻、陆稻、玉米、小麦、甘蔗、苹果、烤烟等专家系统所需的本地气象、土壤、肥料、农药和其他农情数据库、知识库的建设，示范规模从第一轮的 35 个县又扩大到了 55 个县，推广面积发展到了 309 万亩，粮食增产 3 亿多公斤，新增效益 4 亿多元。验收组又以 A（优秀）的综合评价，一致同意通过云南示范区第二轮课题验收。

2001 年 11 月 1—2 日，由国家科技部高新技术发展及产业化司、云南省电脑农业专家系统推广领导小组主办，306 主题专家组、云南省民族事务委员会等承办的"云南电脑农业技术应用成果展示会"在昆明云南民族博物馆隆重举行。云南省委副书记王学仁、省人大副主任王义明、副省长黄炳生、国家民委常务副主任牟本理，石元春院士以及各有关部门的代表近千人出席了开幕式，有关示范区和单位展示了工具软件、平台、专家系统等，我在会上做了有关农业专家系统的学术报告。

云南示范区在实施第三轮（2002—2003 年度）863 课题期间，2002 年 9 月 24—28 日，科技部马颂德副部长和高新司李武强司长，在省民委领导的陪同下，考察了宁蒗县永宁乡水稻示范点，大兴地玉米示范基地，察看了宁蒗县电脑农业办的专家系统演示和云南电脑农业网站的运行情况，与当地农科人员、农业基层干部进行了座谈。马副部长兴奋地说，云南电脑农业工作非常有特色，取得了很好的成效，说明只要大家努力，国家重视，给予帮助，高新技术是可以改造传统农业的。他还说，高新技术与落后地区的农业怎样结合，云南在这方面做了一个很好的示范，构建了一个农村信息化框架体系，在这个框架下，不仅可以推广电脑农业专家系统，而且可以推广其他信息技术，如电子政务、网络教育等，这为今后我国农村信息化奠定了坚实的实践基础。

在圆满完成第三轮 863 课题后,云南示范区又开始了第四轮(2004—2005 年度)863 课题。在第三、第四轮 863 课题中,云南示范区先后开发了水稻等 10 多种网络版专家系统,并完成了省、县两级电脑农业网站互联及其与国家 863 网站的链接,电脑农业推广县发展到了 65 个,包括 450 多个乡镇,2900 多个行政村,推广面积累计 1000 多万亩,两轮共增产粮食 6 亿多公斤,增产节支总效益约 8 亿元,受益农民达 350 多万人。

云南电脑农业除了给广大示范农户增产节支外,在本地化专家系统的开发和应用过程中,通过不同层次农业专家知识的收集、整理和录入,以及农业专家系统的咨询服务,既提高了基层农业科技人员的科技水平,也增强了他们扎根农村为农服务的决心。通过大规模多层次的技术培训,更是有力地提高了劳动者的科技文化素质。从 1997 年至 2006 年,云南示范区电脑农业领导小组办公室聘请各类专家,包括合肥智能所高工李淼、云南农科院研究员周汇等,举办省级电脑农业技术培训班 22 期,为州、市、县、乡培训技术骨干 1190 人次。全省 65 个推广县共举办县级培训班 7500 多期,培训各类人员 136 万多人次,培养的人员包括乡镇微机操作员,基本农情数据整理和网络技术应用人员,乡镇和村社干部农科人员,以及 100 多万示范农户,并给农户发放农业技术资料和"指导卡"456 万份。如果说,电脑农业是云南民族地区依靠科技进步脱贫的法宝,那么,电脑农业也为云南民族地区找到了提高劳动者素质致富的金钥匙。

后记:2015 年 8 月 1—5 日,钱跃良、赵春江、李淼和我,又一次来到云南,省民委副主任岩秒(瓦族)、电脑农业办处长杨之宏(白族)热情接待了我们,省电脑办干部胡梅英(彝族)还全程陪同我们赴宁蒗重温历史,宁蒗电脑办主任杨小平(彝族)

为我们提供了有关云南和宁蒗电脑农业的许多历史资料，这里一并表示感谢。昔日为云南电脑农业做出重大贡献的马泽和成国正已光荣退休，年轻的和明芳已步入中年，现在是丽江地州的科协主席和电脑农业办（也称农业信息中心，两块牌子，一套人马）的主任。昔日的电脑至多配发到自然村，现在智能手机及平板电脑即使在女儿国也随处可见，泸沽湖一带的 4G 网络随处可用。昔日的崎岖山路已经被高速公路和通畅的国道、省道所替代。昔日的贫困县宁蒗如今建起了命名为"泸沽湖"的民用机场。值得欣喜的是，20 多年来，在云南省委省政府的坚强领导下，云南的电脑农业推广工作持续发展，省、地、县、乡各级电脑农业办（农业信息中心）在开展和指导电脑农业的推广工作中依然井井有条，全省的电脑农业现在还是那样的红火！这次我们去云南的目的，除了重温历史外，还应邀参加了由云南电脑农业领导小组主持的"云南电脑农业专家系统民文（彝文、藏文、傣文）版开发应用"验收会。可以看到，云南电脑农业正朝着纵深方向发展。近年来，随着产业结构调整、生态农业、新农村建设、大数据和"互联网＋"的不断推进，云南电脑农业正被赋予新的内涵，迎来新的发展机遇。"治贫先治愚"，目前，云南民族地区正沿着依靠科技脱贫致富的大道，向着全面奔小康的目标全速挺进。

863 中文与接口技术的评测

钱跃良

（一）背　　景

中文信息处理与智能人机接口技术（简称中文与接口技术）是国家 863 计划智能计算机系统主题（306 主题）的重要组成部分，从 863 计划开始实施起，智能接口一直是 306 主题下设的一个专题。20 世纪 80 年代末到 90 年代初，具有中华民族特色的中文信息处理与智能人机接口技术，在 863 计划支持下，取得了突破性进展和重要成果。随着理论研究和技术突破的不断深入，如何科学合理地评价相关的算法和系统，并在此基础上适时地引导相关工作向着期望的目标发展，开始受到科技部（原国家科委）和 863 计划 306 主题专家组的高度重视。

国外早在 1982 年，美国国家标准局（现名为国家标准技术研究所，NIST）结合 DARPA 计划，就开始从事系统评价标准化工作，并在 DARPA 计划内，针对 SLS 项目（口语系统）组织了若干个标准数据库并开发了对系统性能进行评价的软件，并随后开展了一年一度的评测，一直延续了十多年，在国际上产生了很大的影响。其他发达国家也在国家项目和国家标准局的组织下，纷纷制定系统评价标准和方法，并开展了一系列评测活动。

　　正在这时，国内几位计算机语音处理领域的博士离开了学校和研究所，在北京的一家民营企业(四达)研发了一套初步实用化的、以音节输入的语音识别系统，并准备申请306主题的课题。对于这个系统以及所使用的技术，同行有各种不同的看法，包括他们的导师也有不同的意见。为了对这个系统和技术有个比较客观的评价，当时的国家科委高新司和306主题专家组决定组织一次小规模的评测，邀请在京的几个主要单位(包括导师所在的单位)参加。评比的方式也很简单，先把各个参加单位的系统集中到306专家组办公室的会议室里，当着全体参加单位的面，用当天出版的报纸，由高新司的领导和专家组的专家现场测试，测试结果证明这套系统在性能和实用化方面确实要优于其他系统，最后306主题也资助了这个项目。这就是863计划中文与接口评测的第一次尝试。

　　此后，在国家科委高新司的支持下，306主题专家组进行了认真的总结，在随后的几年中，专家组分别在1991年、1992年、1994年、1995年和1998年组织了863中文与接口技术评测。"十五"期间，863计划计算机软硬技术主题(11主题)专家组在管理中文与接口技术相关课题中，发扬光大了原306主题的评测办法，将中文与接口的评测作为一种管理机制创新工作进行研究和探索，并先后在2003年、2004年和2005年组织了中文信息处理与智能人机接口技术的评测。为了组织好评测，11主题专家组还部署了一批技术评测的课题，其中中文与接口技术方面的评测课题委托中科院计算所承担。

　　863计划中文与接口的评测，已形成了一套规范的评测流程和公正科学的评测方法，成为检验863计划在该领域的研究进展和成果，促进和引导相关技术的发展，并加速其产业化进程的有效手段，这一工作对我国中文信息处理与智能人机接口技术的发展起到了极其重要的推动作用。863 计划中文与接口的评测，坚持其公正性、科学性和引导性，也得到了各方面的充分肯定，在国内外该领域已有一定的影响，从 1998 年开始，连续几年都有国外的系统参加评测。

（二）历年评测情况

1. 项目设置

（1）汉语语音识别

汉语语音识别技术的评测项目，是从 1995 年开始设置的，共组织了 9 次评测（含 1990 年的内部评测）。评测内容按时间排序，主要包括：特定人命令及词组识别、非特定人命令及词组识别、特定人和非特定人的语句识别、电话语音识别、非特定人大词汇量连续语音识别等。

汉语语音识别技术的评测方法，除了 1991 年采用播音员用麦克风输入外，其他都采用的是基于语音数据库的自动评测的方式进行。所有参评系统从测试语音库中读取语音数据，并输出识别结果。评测组织者运行自动测试统计程序，统计出各参评系统的评测结果。

该项评测前几届都是现场评测，2005 年的评测实行的是网络评测，由评测组织者通过网络提供评测语料，参评系统在规定的时间内提供识别结果。

（2）印刷体汉字识别

印刷体汉字识别技术的评测项目，是从 1991 年开始设置的，共组织了 5 次评测。评测内容按时间排序，主要包括：单字体、多字体、中英文混排、多字体多字号中英文混排印刷体汉字识别以及表格识别等。

该项评测为现场评测，采用基于评测数据库的自动评测方式进行。所有参评系统从测试数据库中读取数据，并输出识别结果。评测组织者运行自动测试统计程序，统计出各参评系统的评测结果。

(3)手写体汉字识别

手写体汉字识别技术的评测项目，是从 1991 年开始设置的，共组织了 6 次评测。评测内容按时间排序，主要包括：脱机特定人手写体识别、脱机非特定人限制性手写体识别、脱机非特定人自由手写体识别、联机非特定人自由手写体识别，大字符集联机手写体识别等。

该项评测为现场评测，采用基于评测数据库的自动评测方式进行。所有参评系统从测试数据库中读取数据，并输出识别结果。评测组织者运行自动测试统计程序，统计出各参评系统的评测结果。

(4)汉语语音合成

汉语语音合成技术的评测项目，是从 1994 年开始设置的，共组织了 5 次评测。评测内容按时间排序，主要包括：音节的清晰度、单词的清晰度、句子的清晰度以及自然度等。

该项评测为现场评测，采用人工评测的方式来评测。所有参评系统从测试数据库中读取文本数据，并输出语音合成的结果。然后由听音队的人对各参评系统合成的语音进行清晰度和自然度的打分，评测组织者统计出各参评系统的评测结果。

(5)机器翻译

机器翻译技术的评测项目，是从 1994 年开始设置的，共组织了 6 次评测。评测内容按时间排序，主要包括：汉-英、英-汉、汉-日、日-汉、汉-法机器翻译系统正确率等指标的评测。评测语料种类包括短语、篇章和对话等。

机器翻译的评测，早期是采用人工评测方法，是由若干名语言学专家对翻译的句子进行打分，然后进行统计出结果。后期采用自动评测与人工评测相结合的方式，预先由人工生成译文，然后由计算机对机器翻译系统生成的结果进行评测。

该项评测前几届都是现场评测，2005 年的评测实行的是网络评测，由评测组织者通过网络提供评测语料，参评系统在规定的时间内提供翻译结果。

(6)汉语分词与词性标注

汉语分词与词性标注技术的评测项目，是从 1995 年开始设置的，共组织了 3 次评测。评测内容主要包括汉语分词与词性标准的准确性。

该项评测为现场评测，采用基于测试语料库的自动评测与人工辅助相结合的方式进行。所有参评系统从测试语料库中读取语料数据，并输出处理结果。评测组织者运行自动测试统计程序，统计出评测结果，然后再对自动评测结果进行分析和核对，对其中难以进行自动评测的内容进行人工分析确定，最后给出各参评系统的最终评测结果。

（7）自动文摘

自动文摘技术的评测项目，是从 1995 年开始设置的，共组织了 4 次评测。评测内容主要是对自动文摘系统生成的文摘质量等指标的评测。

该项评测为现场评测，采取人工评测的方法进行评测。所有参评系统从测试语料库中读取语料数据，并输出文摘结果。然后由若干名语言学专家对文摘进行打分，最后统计出结果。

（8）信息检索

信息检索技术的评测项目，是从 2003 年开始设置的，共组织了 3 次评测。评测内容主要是全文检索的正确率和召回率等指标的评测，评测语料分为小规模语料和大规模语料。

信息检索技术的评测采用基于测试语料库的自动评测与人工辅助相结合的方式进行。所有参评系统从测试语料库中读取语料数据，并输出检索结果。评测组织者运行自动测试统计程序，统计出评测结果，然后再由专家进行人工评测，最后给出各参评系统的最终评测结果。

该项评测前两届是现场评测，2005 年的评测实行的是网络评测，由评测组织者通过网络提供评测语料，参评系统在规定的时间内提供检索结果。

（9）文本分类

文本分类技术的评测项目，是从 2003 年开始设置的，共组织了 2 次评测。评测内容主要是对文章分类的正确率和召回率等指标的评测。

该项评测为现场测试，采取基于测试语料库的自动评测的方式进行。所有参评系统从测试语料库中读取语料数据,并输出分类结果。评测组织者运行自动测试统计程序,统计出各参评系统的评测结果。

(10)汉语命名实体识别

汉语命名实体识别技术的评测项目,在2003年的分词与词性标注评测中第一次开始评测,在2004年单独组织了1次评测。评测内容包括:命名实体、时间词、数字词的识别正确率等指标的评测。

该项评测为现场评测,采用基于测试语料库的自动评测与人工辅助相结合的方式进行。所有参评系统从测试语料库中读取语料数据,并输出识别结果。评测组织者运行自动测试统计程序,统计出评测结果,然后再对自动评测结果进行分析和核对,对其中难以进行自动评测的内容进行人工分析确定,最后给出各参评系统的最终评测结果。

(11)人脸检测与人脸识别

人脸检测与人脸识别技术的评测项目,在2004年组织了1次评测。评测内容包括:人脸检测、半自动人脸识别(提供双眼位置)、全自动人脸识别(不提供双眼位置)、半自动人脸确认(提供双眼位置)和全自动人脸确认(不提供双眼位置)的正确率等指标的评测。

该项评测为现场评测,采用基于评测样本库的自动评测方式进行。所有参评系统从评测样本库中读取人脸图像,并输出检测和识别结果。评测组织者运行自动测试统计程序,统计出各参评系统的评测结果。

2. 历年评测概况（见表1）

表1 863历年评测情况

年份	性质	评测的类别	参评的系统数	评测地点
1990	内部	语音识别	5	北京
1991	国内	语音识别、文字识别	16	北京
1992	国内	语音识别、文字识别	17	深圳
1994	国内	语音识别、文字识别、语音合成、机器翻译	39	北京
1995	国内	语音识别、文字识别、语音合成、机器翻译、汉语分词与词性标注、自动文摘	65	北京
1998	国际	语音识别、文字识别、语音合成、机器翻译、汉语分词与词性标注、自动文摘	43	北京
2003	国际	语音识别、文字识别、语音合成、机器翻译、汉语分词与词性标注、自动文摘、文本分类、信息检索	48	北京
2004	国际	语音识别、语音合成、机器翻译、汉语命名实体识别、自动文摘、文本分类、信息检索、人脸检测与人脸识别	105	北京
2005	国际	语音识别、机器翻译、信息检索	45	网上评测

3. 参与组织评测的单位

863中文与接口技术的评测，得到了国内外许多单位和学者的大力支持，正式参与协作的单位有：中国科学院计算技术研究所（306主题办、国家智能计算机研究中心等）、中国科学技术大学、中央人民广播电台、中国科学院声学研究所、北京大学、山西大学、中国社会科学院语言研究所、哈尔滨工业大学、中国科学院自动化所、中国科学院软件研究所、日本情报通信研究机构情报通讯融合研究中心、微软亚洲研究院等。

（三）评测的主要过程

863中文与接口的评测，是一项很繁重的工作，需要大量的沟通协调、合理的分工和周密的安排。经过多年的探索和实践，形成了一套规范的流程，其主要的评测过程如下。

(1) 确定评测项目

根据当年 863 计划相关课题的设置情况，结合技术发展趋势以及国内外单位参与的可能性，确定当年的评测项目。

例如，在早期的评测中，文字和语音识别一直是基本的评测项目，但到了 2004 年，汉字识别由于技术成熟，从那一届开始文字识别的技术评测就不再组织了。

(2) 成立评测总体组

根据确定的评测项目，由专家组聘请业内专家组成评测总体组，总体组向专家组负责。为了保证评测公正性，与参加评测相关的人员不得作为总体组成员。

(3) 制定评测大纲

针对每个评测项目，邀请相关研究单位以及协作单位，通过会议讨论的形式，确定其评测大纲的基本原则，由总体组拟定评测大纲的初稿，再多次征求意见，最终确定评测大纲。

评测大纲明确定义评测的每项任务，包括评测的指标体系、数据的规模、数据的格式、相关的规范、评测的进度、评测的方式等。

(4) 公告和受理报名

为了尽可能让感兴趣的研究者都能得到评测的相关信息，通常要通过各种渠道广泛散发评测大纲，早期曾在报纸上刊登公告，后期主要将评测大纲和报名表在 863 相关网站上公布，同时也通过电子邮件，发送到历年的参评单位，以及一些著名的研究机构。

参评单位根据评测大纲选择所要参加的评测类别和评测项，分类填写报名表(每个项目单独填写一份报名表)，并在规定的报名时间内提交。报名表要求填写参评项目、单位信息、系统说明(关键技术和主要参数的说明)、明确知识产权，并要求有负责人签字。

(5) 组织评测数据

根据评测大纲，设计和组织评测相关数据，其中包括：训练集、开发集和测试集数据。训练集和开发集的数据都提前发给参评单位，其中训练集数据供参评单位训练系统用；开发集数据完全模仿测试集数据的模式，供参评单位调试参评系统；测试集数据为最终评测数据。

组织评测数据是非常关键的一个环节，一方面工作量很大，同时还要保证数据的质量(是否符合规范、一致性如何等)，又要防止评测数据泄漏。

(6) 组织评测

参评单位到评测现场，将系统安装在统一的机器上，并运行系统处理测试集数据，生成结果后提交给评测组。

2005 年的评测是通过网络进行的，由评测组将测试集数据发给各参评单位，评测数据包括训练集、开发集和测试集，一般训练集和开发集发布的时间较早，而测试集通常在规定的结果提交日期前几天发布，参评单位在规定的时间内提交各自的测试结果。

(7)评测结果的统计与发布

评测组织单位对各单位提交的测试结果进行评估、统计和分析，形成最终的评测结果，并通知各参评单位的成绩。

对评测结果的评估，有些项目是自动的，有些则需要人工进行。评测结果的发布，按照之前的约定，有些是完全公开的，有些只在参评者内部公开。

(8)组织评测技术研讨会

评测组织单位对各类系统的评测结果进行分析，形成技术评测分析报告，并组织评测技术研讨会。在评测技术研讨会上，评测组织单位会介绍本次评测总体情况及技术评测分析报告，各参评单位在研讨会上详细报告其系统所采用的技术，以利于沟通和技术进步。在研讨会上还经常会对评测本身进行讨论，提出改进的意见，并讨论下次评测的有关问题。

（四）经历和感受

我本人从 1987 年成立 306 主题专家组办公室时，被任命为 306 主题办公室主任，一直到 2001 年第一期 863 计划结束。在 1996 年 4 月至 2000 年底，分别成为 306 主题第四届和第五届专家组成员。根据专家组内部分工，我负责 306 主题办公室的日常管理、成果转化以及中文与接口的评测工作。"十一五" 863 期间，我被聘为计算机软硬件主题(11 主题)"智能化中文信息处理与多模式人机接口"专题总体组组长，协助专家组开展中文信息处理与人机接口资源库的建设和评测工作。对于 863 中文与接口的评测，有着非同一般的渊源和情结。值此 863

计划实施 30 周年之际，谈谈自己的经历与感受。

863 中文与接口的评测，开始是很艰难的，过程也是曲折的。评测的事情在今天来看那是很平常的事了，现在有很多单位都积极主动地参与各种评测。但在 20 多年前，情况就完全不同，那时候大家对技术的交流，都是在论文的层面，要把技术拿出来在统一规则下真刀真枪地比比，那是从未有过的，尤其是前面已经提到，要把老师的技术跟学生后来做的技术放在一起比，大家还是有很多顾忌的，但因为承担了 863 的课题，科技部和 863 专家组要求评测，那也只能参加，所以说参评单位当时多多少少都有点无奈和被动成分在里面。面对这样的情况，科技部和专家组态度还是很坚决的，因为当时国际上已经有类似的评测，所以 1991 年的第一届和 1992 年的第二届评测，都是由国家科委基础研究高技术司发的文，要求所有参加 863 计划 306 主题中文与接口的课题组，都要参与 863 中文与接口的评测。随着评测工作的不断推进，它的作用和效果逐步被大家认识，评测的方式逐步被大家认同，影响力也不断提升，到后来都不需要强行规定了，承担 863 相关单位都会积极参与，即使非 863 课题承担单位的也踊跃参与，到后来还有很多国外的团队也参与了我们的评测。

863 中文与接口的评测，不同于一般学术机构组织的评测，它是 863 计划中文与接口相关科研工作管理和科研成果评价的一种手段，涉及对每个课题承担单位的科研成果水平的评价及后续科研经费的支持强度，对参评单位来说是非常重要的。也正因为如此，大家对评测结果比较在意，曾经也发生过几次有争议的情况。为了解决争议，我们对具体情况做了认真分析，引起争议的情况有几种：有些是对评测情况没有全面了解而引起的误解，有些是评测大纲规定得不够细致有单位在评测中打擦边球，有些是因为评测数据受条件限制组织得不够充分而引起的，还有些是对评测方法认识的差异所引起的。这些争议通过我们协调沟通、组织技术交流以及后续工作的不断完善，得到了妥善解决。这也充分说明 863 中文与接口的评测，组织者的责任是非常重大的。任何差错都有可能给参评单位造成损害，甚至是对整个 863 中文与接口的评测带来不良影响。多年来，评测组认认真真、兢兢业业、默默无闻地辛勤地工作着，大家深知评测工作的重要性和复杂性，一直以"精心准备，科学公正，万无一失"开展评测工作，保证了 863 中文与接口的评测顺利进行。

863 中文与接口的评测，目的是提供一个可比的基础平台。早期的研究缺乏一个有可比性的基础平台，以语音识别技术为例，当时每个科研团队都是自己采集数据，然后在这些数据上做算法研究。因为数据很珍贵，是各自的科研资源，所以这些数据都是不公开的，大家各做各的，每次都是自己跟自己比，发表的论文别人也无法验证。事实上，在自然语言处理和人机交互这个研究领域中，需要使用大量的数据来训练算法和模型，而这些数据的采集通常具有非常大的偶然性，同一个算法模型在不同的数据条件下可能得到的结果差异会非常之大，对于语音识别而言，影响识别结果的因素可能有：说话人的性别、年龄、口音，录音的环境、噪音，话筒的质量，说话的方式（自然方式还是朗读方式）等。有时一些看起来似乎微不足道的因素都会对实验的结果造成重大的影响，可想而知，如果没有共同的数据，一个研究者的算法模型是很难被另一个研究者所重复的，而不同的研究者如果采用不同的数据进行研究，其结果几乎不具备可比性，这样对整个研究工作是十分不利的。为了解决这个问题，国际上出现了统一数据的技术评测，它是由评测的组织者给出共同的数据集，制定统一的测试方法和评价标准，这样，不同的研究者就可以在相同的条件下进行比较，从而得到可比的结果，只有这样才能证明算法模型优劣。

863 中文与接口的评测，就是这样一种技术评测，其目的在于通过评测构造一个共同的基础平台，为不同的研究方法之间提供一个可以比较的基准，加强不同研究队伍的合作与交流。著名的自然语言处理专家黄昌宁教授曾经这样说过："国家863计划智能计算机专家组，曾对语音识别、汉字（印刷体和手写体）识别、文本自动分词、词性自动标注、自动文摘和机器翻译译文质量等课题进行过多次有统一测试数据和统一计分方法的全国性评测，对促进这些领域的技术进步发挥了非常积极的作用。但是这期间也遇到了一些阻力，有些人试图用各种理由来抵制这样的统一评测，千方百计用'自评'来取代统评。其实，废除了统一的评测，就等于丧失了可比的基础。这个损失使得上述任何理由都变得异常苍白。"

863 中文与接口的评测，科学的评测方法是根本保证。评测首先是要在机制和程序上保证公平公正，这一点 863 中文与接口的评测从一开始就做得比较好，但仅仅做到公平公正，对技术评测来说是远远不够的。比如 1991 年的语音识别评测，采用的是播音员现场朗读的方式进行的，各参评系统的评测顺序是通过抽签决定的，这看起来还算公平，但事实上由于播音员的疲劳程度及对评测文本的记忆效应等因素，对评测是有一定影响的。为了提高评测的科学性和合理性，我们对评测方法和技术进行了很多探索和研究。对于语音识别技术的评测，从 1992

年以后都采用语音数据库的方式来评测，也就是预先录好音，并以数据库的形式保存起来，测试的时候各个参测系统从语音数据库中读取评测数据，这样每个系统输入的评测数据都是一样的，可以保持一致性。对于语音合成评测，为减少人工评测的主观性，我们采取了两两比较的评测方法，而不是简单的 MOS 评分方法，尽管这样做会大大增加评测的工作量，但结果更加准确。同时，我们提出了一套专门的听音排序算法，以减少语音合成评测中听音人的记忆效应。在机器翻译评测中，为了使自动评测算法更好地适合于译文为汉语的情况，我们提出了基于熵的机器翻译自动评测算法。还有像手写体汉字识别技术中，乱笔顺的问题等，我们都已申请了国家专利，这些专利包括：计算机语音合成自然度的评测方法和系统（200410000067.1）、一种机器翻译自动评测方法及其系统（200410000628.8）、乱笔顺库建立方法及联机手写汉字识别评测系统（200410000823.0）、一种人脸检测系统的评测方法及评测系统（200510001787.4）、一种电话连续语音识别系统性能评测方法及其系统（200510011285.X）等。在技术评测中，还需要制作大量的数据，包括训练数据、开发数据、测试数据和标准答案等，制作这些数据需要花费大量的时间、人力和财力。为此我们研制开发了成套的语料库和数据库自动开发和人工校对工具平台，这些工具平台大大提高了数据制作的自动化程度。其中，在双语语料库自动对齐方面，我们提出了基于 log-linear 模型的词语对齐算法，相关论文已被国际自然语言处理领域最高国际学术会议 ACL2005 录用。

　　863 中文与接口的评测，也与国际上相关组织开展了交流和合作，评测组曾访问过美国著名的评测机构——国家标准技术研究所（NIST），并与 NIST 相关评测的负责人进行了深入的交流；参加过国际口语翻译 TC-STAR 的评测研讨会，并在会上做报告介绍了 863 中文与接口技术的评测；邀请来自意大利 ITC-IRST 研究所的欧盟 TC-STAR 项目协调人 Lazzari 博士做过评测的专题报告。在机器翻译评测方面，和日本情报通信研究机构（NICT）开展了合作。

863 中文与接口的评测，是有很强的导向作用的。如果我们站在更高的层次来理解，技术评测对整个领域的科学研究和技术进步所起到的不仅仅是推动作用，事实上技术评测还对整个研究领域的发展起到一种引导作用。在一些比较成熟的系列评测活动中，评测项目的设置不是静态的，而是动态的不断调整的。一些老的评测项目由于各种原因会逐渐退出历史舞台，而一些新的评测项目会不断出现。这些新任务就是一些新的研究课题，引导研究者去进行相关的研究。有些新的研究课题是由研究者提出的，反映了研究者的新兴趣所在，有的是根据实际应用提出来的，反映了学术界或者企业界对某些应用的需求。

863 中文与接口的评测，由于具有 863 计划的背景，所以它的导向作用就更加突出。这主要体现在评测项目的设置及评测内容上，在评测项目设置方面，早期主要集中在语音识别和文字识别上，到后期由于文字处理技术比较成熟了，就不再组织文字识别技术的评测，而将文本处理技术等新的研究方向纳入了评测项目。在评测内容上，也是不断变化的，例如语音识别技术的评测，虽然每次都有这个项目，但评测内容有很大的变化，从最初的特定人、有限词汇、孤立音节输入，发展到非特定人、大词汇、连续语音输入。我印象最深的是，高文进了 306 主题专家组以后，分管智能接口专题，他就提出语音识别的评测，要评测最难的非特定人、大词汇、连续语音输入，虽然当时有很多人有不同的看法，那一年语音识别的评测结果大家都很不好，但确实把研究工作从低水平的重复向新的高度推进了一大步，真正起到了评测的导向作用。

此外，为了响应科技部对成果转化的要求及应用的需求，我们把评测分为算法评测和应用导向的系统评测二类，算法评测是向技术深度导向，它不要求是个完整的系统，只评测某个单项指标；而系统评测是向实际应用导向，对功能和性能都要进行评测，文字识别技术的后期评测，主要偏重于应用导向的系统评测。还有 2003 年及 2004 年的评测，结合北京市科技奥运项目，语料中还增加了奥运相关的场景语料。为了更加符合实际应用场景，我们还在马路边、体育场馆、餐厅等噪声环境中采集评测数据。

因此，技术评测并不仅仅是一件单纯的组织工作，而且也是一项非常需要创造力和想象力的工作，尤其是要真正起到对研究的引导作用，需要组织者对整个研究领域有全面深入的了解，对国家和企业的需求有很好的把握。

回顾这 20 多年来的评测，作为一个亲历者，各种滋味一言难尽。回头再看，评测真的不是什么人都能干的，也不是什么人都愿意干的，真的是"吃力不讨好"的事情。但既然科技部和 863 专家组把评测的任务交给了我们，就要有担当，不管有多大的阻力和困难，都要用心去做好。当然，863 中文与接口的评测，不能说是十全十美的，在某些项目的评测中还是有些缺憾的，这些缺憾有些是因为条件限制无法组织足够多的数据造成的，有些是因为评测大纲规定得不够细致造成的，但总的来说，评测还是得到了广泛的认可。

863 中文与接口的评测，经历了从无到有，从最初的一个项目 5 个系统参评到最多时的 8 个项目 113 个系统参评，从内部性质的评测到国际性评测，从现场评测发展到网络评测，无不证明了评测的重要作用和生命力。特别是在历届评测中名列前茅的科大讯飞和汉王科技分别于 2008 年和 2010 年在深交所主板上市，拓尔思也于 2011 年在深交所创业板上市。在 863 计划中，能够在一个主题的一个专题内，产生出 3 家上市企业，这是绝无仅有的。这当然与中文的特殊性有一定的关系，但与 863 计划的支持是分不开的。科大讯飞的刘庆峰在多个公开场合都提到，企业的发展得益于早期 863 计划的课题支持和技术评测。看到这些成绩，真的感到很欣慰，即使个人曾经受过多少委屈，那也是值得的。值此机会，衷心感谢所有为 863 中文与接口的评测出过力的单位和个人，衷心感谢科技部和 863 专家组对我个人的信任和支持。

东软与 863 计划

刘积仁

1986 年 3 月 3 日，是中国近代科技发展史上值得纪念的日子，这一天，王大珩、王淦昌、杨嘉墀、陈芳允四位学者给邓小平同志的"关于跟踪世界战略性高技术发展的建议"，成为 863 计划的敲门砖。时至今日，863 计划已经走过 30 年，而这 30 年，恰好是中国改革开放以来经济快速发展，人民生活水平显著提高的关键时期，863 计划在这过程中发挥着巨大的催化作用。在 863 计划的推动下，中国在生物、航天、信息、激光、自动化、能源、新材料、海洋等领域的研究取得重大突破，造就了一批又一批优秀的高科技企业和人才。可以说，863 计划在中国掀起了一轮持久的新技术革命，为现代科技文明点燃了希望，从此改变了中国科技落后，只能跟随于发达国家的局面。

我有幸在回国创办东软初期，加入 863 计划，成为这项事业的参与者，也是受益者。863 计划的学术氛围和各位科学家孜孜不倦的科研热情，让我在美国硅谷学习期间播下的科研梦想的种子，得以成长。

我在 863 计划"306 主题专家组"，结识了一大批在计算机领域学有建树的学者和专家，在开阔视野、获得启发的同时，也收获了难能可贵的友情。此外，863 计划不断支持和激励着我专注于计算机应用领域，不懈地研发和创新，推动了东软早期在行业解决方案、医疗设备、汽车电子等领域持续耕耘，实现产业化、规模化发展。

在 863 计划 30 周年之际，谨以此文回顾东软与 863 计划一起走过的岁月，向相识多年的汪成为、李国杰、戴汝为、李未、王鼎兴、钱德沛、钱跃良、孙钟秀、李卫华、吴泉源、高文、谭铁牛、怀进鹏、梅宏、吕建、吴建平、吴朝晖、廖湘科、李明树、刘澎、王怀民等老朋友们致以感谢和问候。

（一）友谊与成就双收

1996 年 4 月，我十分荣幸参加了国家 863 计划，并加入智能计算机主题（863–306 主题）专家组。当时心怀忐忑，因为这个专家组汇聚了国内计算机领域顶尖的专家学者，我虽从美国硅谷回来，在计算机和软件应用方面算是见过"世面"，但与这些专家从陌生到合作，从怀疑到敬畏，他们还是让我领悟到了他们身上特有的一种不怕苦、不放弃、不服输的科研精神。在当时科研条件十分艰苦、科研经费异常短缺的条件下，他们孜孜不倦地专攻于自己的科研领域。在他们身上，时时刻刻都散发着一种科学家精神，体现着对国家、对社会的责任和担当。

我对他们的第一印象是，这是一群个性鲜明、视角迥异、学识渊博、观点独到的计算机牛人，他们有着 IT 男特有的踏实和韧劲，却也才华横溢。他们在评审项目时态度严谨，甚至苛刻，有时会因为一个观点唇枪舌剑，也会因为不经意的一个玩笑捧腹大笑，互相调侃。但是，他们却有着同样的执着的追求，他们掀开了中国智能计算机发展的新篇章。

我们从陌生到熟悉，从相互尊敬到关怀，探讨着学术观点，分析计算机产业的未来，聊着我们的兴趣爱好、家庭与生活，最后成了无所不谈的朋友。我不断被他们所感染和感动，与他们相处的时光也成了我人生中最为宝贵的经历和回忆。

汪成为老师的认真严谨，戴汝为在集成型模式识别领域的侃侃而谈，孙钟秀一贯让人如沐春风的谦逊风度，李国杰对于智能计算机的超级执迷和创新精神，李卫华清晰而符合逻辑的思维方式，李未的幽默风趣，高文在多媒体技术领域的独到见解，谭铁牛谈到虹膜识别系统未来应用时的自信与兴奋等，都让我记忆犹新。

记得在一次报告会上，李未在为大家分享最初进行 OCR 光学字符识别技术研究时，因为技术尚不完善，经常会出现无法识别的现象。他讲了这样一个故事：有一位部队的首长去视察这项技术成果，他让首长写几个字，首长随手写了"同志们好"，结果呈现出来的却是"同志们 PPP"，首长看完之后一愣，连忙挥手说这不是我写的。听完这个故事我们忍不住哈哈大笑，同时也深深地意识到一项技术从研究到应用是多么的不易，未来的路还很远。

那段时期，还没有 QQ 群/微信群等社交工具，为了方便沟通和讨论课题，2003 年，我提议设立每年固定的聚会交流机制。由于很多专家组成员都是两会代表、委员，每年三月都在北京参加两会，我们就借助参加两会的机会，将聚会的时间固定在每年的三月（图 1 为 2007 年 3 月的聚会）。每逢聚会，其他人就从四面八方赶到一起，就像同学和朋友一样聚在一起，相互问候，互通有无，大家在一起分析着国内外高新技术的发展趋势，探讨着中国未来的技术与产业发展方向，这个线下的社交群一直延续下来。如今，专家组成员有的已经退休，有的成为了院士或国家部委干部，也有很多新加入的年青一代，参与这个聚会的人越来越多，一直持续至今，正如我们的友谊一样，从未改变。

图1 2007年3月，北京聚会

（二）铺就产学研协同创新之路

我是 1988 年在美国国家标准局计算机研究院完成博士论文后回国的，在东北大学成立了计算机系软件与网络工程研究室，希望能够将科研成果转化，服务于社会，但当时我们只有3 个人、3 万元经费、3 台 286 电脑和一间半教室，科研经费紧缺一直是最头疼的问题，科研成果的转化更是无从谈起，这也是我为什么在成为教授之后毅然决然地选择下海经商，成立东软的直接原因，这在当时是不被人理解和认可的选择。

东软在 1991 年成立之初（见图 2），就是希望能够以"架设软件研究与应用桥梁"为目标，实现科研成果的创新转化，从而为客户创造价值，服务于整个社会。这与 863 计划的目标如出一辙。因此，我们一方面不断加强在汽车电子、医疗设备等嵌入式软件平台、行业信息化建设、软件开发过程改善等方面的研发和投入，一方面积极关注 863 计划，先后申报了近 40 个 863 科研项目并获得审批，加速公司发展进程的同时，也使得这些研发成果广泛应用和产业化，成为了东软最宝贵、最具核心竞争力的资产。

图 2　1991 年，东软以 3 个人、3 万元经费、3 台 286 计算机在东北大学成立

　　863 计划采用的专家决策的机制，每个课题的申报都要通过专家组的考核和评审。这样一来就打通了产学研用的链条，专家们可以从学术走向应用，掌握到社会、产业一线的需求和趋势，科研机构和企业也能够得到专家组的指导和帮助，确保科研项目成功完成并转化，服务于国家和社会。

　　正是 863 计划所处的战略高度和严谨务实的科研作风，与东软处在行业信息化建设一线，紧紧掌握客户需求的优势，才推动了东软在早期的快速发展，把握了正确的发展方向，务实、创新、不断推动软件创造客户价值，成为东软创业时期的明显特征。这种产学研的结合机制，也推动了国内其他计算机和软件企业的发展，为加快信息化建设和改善民生做出了重要贡献。

(三)激励高科技企业规模化发展

863 计划以资金、专家指导等多种手段鼓励新技术的研发和突破，推动了我国多项高新技术从无到有。对于企业来讲，863 计划并不仅仅意味着提供科研资金这么简单，更重要的是能够被列入 863 计划科研课题是十分不容易的，所以企业将每一次的课题申报和审批都看作是国家对于企业自身的激励和认可。可以说，863 计划从真正意义上调动了企业在技术研发和应用方面的积极性，孵化了一大批优秀的高科技企业。

记得在 2002 年，东软成功申报了"面向汽车导航的嵌入式软件平台"课题后，员工们异常兴奋，夜以继日地工作。有一次，项目负责人跟我报告项目进展时开玩笑说，员工们一个个的都跟打了鸡血似的。果然，我们在不足一年的时间就完成了平台的开发与应用，汽车电子研发人员也迅速由几十人扩增到 200 多人。到 2005 年，公司在 LBS 相关领域的营业额已经接近 800 万美元。在此基础上，东软持续研发和努力，拥有了音响、导航和位置服务、电子地图、车载信息资讯等全面车载信息娱乐产品和解决方案，业务已经覆盖北美、拉美、欧洲、日本、东南亚、中国台湾等国家和地区市场，并与阿尔派、哈曼、奔驰、宝马、通用等世界一流的跨国公司开展合作，在汽车电子领域的国际市场地位快速提升。

值得一提的是，863 计划对于东软在数字化医疗设备领域的支持，推动了公司医疗设备的快速研发和产业化，也使得中国成为在美国、日本、德国、荷兰之后，第五个能够生产 CT 的国家。在 90 年代以前，全球 CT 市场被 GE、西门子、东芝等几家国际厂商占有，中国的医院若想购买 CT 机只能依靠进口，而且价格十分昂贵。我们发现，其实 CT 研发最难的环节就是软件系统，而这正是我们的特长，不过当时所有人都认为我们想要生产 CT 是不可能的。在这种情况下，我们依然启动了国产 CT 的研发工作，并就数字化医疗设备的技术和平台等多次申请 863 计划科研课题，得到了专家组的一致通过，为正处于艰难的 CT 技术攻克期的研发团队吃了一颗定心丸。最终，我们于 1998 年正式实现 CT 科研成果的产业化，成功打破了垄断的局面，从此进入了大型医疗器械国际市场。直到今天，我们的医疗产品已经销往美国、意大利、俄罗斯、巴西、葡萄牙、阿根廷、印度，以及东欧、中东、非洲等 100 多个国家、9000 多家医院。2015 年，东软研发的 128 层 CT 已经正式发布并运往国外，这也意味着中国能够生产出极具国际竞争力的高端 CT 机（见图 3），并得到了国际市场的认可。

　　在软件行业，当企业发展到一定规模的时候，必须进行质量管理改善，需要掌握能够评估软件质量的科学方法，提高软件开发的管理能力。因此，东软在 2003 年向专家组首次提交了"基于 CMM 的软件质量保障平台的建设"课题，希望能够有助于中国的软件企业标准化、系统化成长和发展。与此同时，东软也基于这项成果，不断地改善公司的质量管理和评估体系，于 2004 年率先通过 CMMI5 级评估，达到全球最高水平；2008 年成为第一家通过 CMMI（V1.2）5 级认证的中国软件企业，2011 年成为第一家通过 PCMM 5 级评估的中国企业。如今，东软在战略规划、实施策略及过程执行等方面形成了清晰、完备的战略执行体系，为公司的持续发展提供了重要保障。

图 3　1991 年，中国第一台 CT 在东软问世，从而填补了该领域国内空白并打破大型医疗设备依靠进口的局面

　　像东软这样的受益于 863 计划的企业还有很多。这些企业始终以创新的意识和行动，肩负着自身的社会责任，不断在多项核心技术领域获得突破，成为了极具规模和国际影响力的企业。

（四）结　　语

　　在 863 的这段岁月，能够与汪成为、李国杰、戴汝为、李未、王鼎兴、钱德沛、钱跃良、孙钟秀、李卫华、吴泉源、高文、谭铁牛、怀进鹏、梅宏、吕建等人一起工作和学习，我十分荣幸，也让我十分怀念。

30 年人与事，30 年学与识，30 年情与怀。

如今，863 计划已经走过 30 年，国家的科技创新机制也随着时代的变迁经历了不同时代的变革。但是 863 计划所创造的技术仍在发挥着巨大的作用，863 科学家的精神仍然感染和激励着我。

期待着，在中国科技创业的道路上，我们一起走得更近，走得更远！

20 年前参加 SC96 的一段往事

钱德沛

　　我和 863 计划的"缘分"可以追溯到 20 年前那个和煦的春日。1996 年 4 月的一天，我作为 863 计划 306 主题组专家候选人，到北京香山饭店参加答辩。接到答辩通知时，我感到有点突然。虽然我在 1990 年参加过 306 主题组织的智能计算机国际研讨会，我所在的西安交通大学计算机系新型机研究室在郑守淇先生领导下，也承担了 306 主题的课题，我对 863 计划并不是一无所知，但这和当主题组专家可不是一回事，心里不免忐忑。我尽力按照自己对 863 计划的理解准备了答辩稿，复印了几张透明胶片（那时还不用 PPT），来到了北京。

　　答辩依次进行，进去一个人答辩，下一个人就在门外等候。终于轮到我了，由于紧张，开讲之前根本顾不上看谁在下面，讲完了才发现当时教育部科技司司长黄黔作为专家坐在专家席中。因为几个月前刚在他的率领下访问了美国，考察美国的科技园区情况，所以认得他。答辩中一位专家听我说参加过 Lisp 计算机的研制，问了我关于 Lisp 计算机的一个问题。事后听黄司长说，那位提问的专家是中科院董占球先生，他对我的回答大加赞赏。我从那时开始认识了董先生，我们之间的友谊一直持续到 2012 年 6 月他老人家去世。

　　过了一些天，高文教授到西安交大开会时告诉我，我已入选 306 主题专家。他还给了我一份新的课题指南，让我提些意见。很快，专家组名单出来了，高文任组长，王鼎兴和李未任副组长。我在专家组分工负责体系结构方向的工作。当时 863 计划实行的是专家负责制，在科技部召开的新一届专家组成立大会上，我被告知作为 863 专家，必须把 863 计划的工作当作第一职业，必须做到公正、公开、公平，从那时起，这些信念一直伴随了我 20 年。

那时，863 专家每年可以有一次出国机会，考察国外最新的发展。这在当年可谓是十分宝贵的机会。1996 年 11 月，我和李未教授一起参加了在美国匹兹堡举行的 SC96 大会。这是我头一次参加 SC 系列会议，此后十多年里，我曾十余次参加 SC 大会，并担任了 SC 中国大使，促进中国学者参会，但这第一次的印象格外深刻。我们从北京出发，经旧金山到达匹兹堡已是晚上 9 点多钟。1996 年，互联网在中国还很不普及，网络上的服务也很少，那时出国可不像现在，在网上就把酒店、交通全都搞定。我们出发时，根本不知道到了会住哪儿。在机场服务台一问，因为开 SC96，匹兹堡市内离会议中心近的酒店全部客满。服务台的女士人很热心，看我们远道而来，人生地不熟，安慰我们别急。她建议我们找个离机场近的酒店先住下。她还告诉我们，从机场有轻轨去会议中心，我们可以先搭酒店的机场班车到机场，然后转乘公交去会议中心。我们觉得有道理，就请她联系了离机场较近的 Comfort Inn。在她的帮助下我们顺利入住。

第二天一清早，我们先坐酒店的机场班车到机场，然后乘公共汽车去会议中心参加大会。晚上散会后，坐公共汽车回到机场，然后再坐酒店班车回酒店，连续几天都是如此。虽然辛苦，但搭了酒店班车又省钱，又方便，不免暗自庆幸。不料第三天班车司机认出我们连续几天坐班车，告诉我们，班车只供旅店客人入住和离开时的交通方便，不能每天都乘坐，我们只好连连称是。好在第二天我们就真的退房离开，他的警告来的有些晚了。

当年出国住宿费标准低，我和李未老师两人合住一间房，才刚好不超标准。我当年虽早已不是初出茅庐的毛头小伙，但第一次单独和李未这样的大专家出国开会，还是不免有些拘谨。好在李老师十分开朗风趣，谈天说地，很快就熟识了。

SC 大会是美国，也是世界上最大的关于高性能计算的学术会议，不但有学术内容，还有一个高性能计算的展览会。第一次参会，不免被它的规模所震惊。那年参加技术交流（Technical Program）的就有 4000 人，加上展览会上的人员，参会的有近万人。偌大一个会展中心，熙熙攘攘，好不热闹。但那时国内来参加 SC 大会的人非常少，我们几乎碰不到国内来参会的人，倒是在那里结识了张晓东、孙贤和、高光荣等留美学者，与他们的友谊和合作持续至今。大会期间，我和李老师商定，分别选择各自熟悉的专题去听，以便更全面、更深入地了解国际的最新发展动态。我们每天早上听大会主题报告，然后分头参加专题报告会、论坛会和研讨会等，中午和下午穿插着参观展览会，晚上还要参加会议和公司组织的晚会和交流活动，从早到晚，忙得不亦乐乎。那时我们根本没有今天流行的数码装备，没有数码相机，没有录音笔，为了掌握更多信息，以便回国后写总结，我是一边听，一边做笔记，手眼耳并用，还要思考，搞得相当紧张，不过有一点好处，时差反而被忘记了。

1996 年是信息技术开始发生巨大变化的年代。Internet 在

90 年代中从科研网络转为商用，正在深刻改变人类生活和工作的方式，开创了信息社会的新时代。SUN 公司凭借着无心插柳的 Java 语言占据了互联网时代先机，在 1996 年可谓是如日中天，在 SC96 上出尽了风头。在苏联解体之后一度陷入低潮的超级计算机研究又开始复苏。美国能源部制定了加速战略计算计划（ASCI），要从研制万亿次计算机起步，每三年将计算机的性能提高一个数量级，最终研制 100 万亿次的计算机系统，支持美国核武库安全评估和虚拟核试验。在 SC96 上 Intel 披露了其 ASCI 红色系统（ASCI Red）的研制情况，该系统于次年即 1997 年 6 月首次以每秒万亿次的性能成为世界上最快的计算机，使美国从日本手里夺回了超级计算机世界第一的桂冠。

尽管当时万亿次计算机还未正式问世，美国的学术界和工业界却已经在 SC96 规划下一个里程碑即千万亿次计算机了。SC96 组织的一个千万亿次计算机专题研讨会给我留下了深刻印象。今天仍记忆犹新的是，如果以当时的技术实现千万亿次计算机，所消耗的巨大电力不仅经济上难以承受，而且其产生的巨大热量也会使系统可靠性极低，根本无法正常工作。为克服高功耗这一技术障碍，提出了采用基于超导的处理器、基于全息原理的存储器和全光互连来实现千万亿次计算机的新颖方案，这在当年可谓大胆超前。20 年过去了，千万亿次机的目标早已实现。由于微电子技术的进步，今天的千万亿次机仍然采用传统的技术实现，但是在向 E 级机迈进的今天，高功耗仍然是我们面临的最大障碍。20 年前那种未雨绸缪，探索新途径的勇气不是仍然对我们有所启示吗？

SC96 的另一个亮点是 IBM 的深蓝计算机系统。这是 IBM 为人工智能应用研制的一款计算机。深蓝设计师之一谭先生介绍了深蓝的情况，宣称要让深蓝与世界级棋手对弈来证实其智能。次年，1997 年 5 月 11 日，深蓝计算机战胜了国际象棋世界冠军卡斯帕罗夫，引起了轰动。

SC96 上最令人瞩目的是美国的先进计算伙伴计划（PACI），也就是后来俗称的网格计划。美国国家科学基金会支持以伊利诺伊大学的国家超级计算应用中心（NCSA）和加州大学圣迭戈超算中心（SDSC）为首的两支团队，建立连接全美众多高校和研究机构的计算网格系统，形成可随时方便使用的计算能力、数据存储能力和数据处理能力，支持科学研究。这是美国国家基金会在 80 年代中建立 4 个超算中心以后又一新的举措。SC96 散发的当月的 *ACM Communication* 杂志对 PACI 有专文介绍。我们在会上听到这个概念非常兴奋，敏锐地感到 PACI 将揭开互联网大环境下信息基础设施的新篇章，值得高度重视。

SC96 会后，当时在锡拉丘兹（Syracuse）大学访问的李晓明老师开车，带李老师和我访问了锡拉丘兹大学东北并行计算中心。该中心的主任是著名学者 Geoffrey Fox 教授，在并行计算、网络计算上颇有造诣，也是积极参与 PACI 计划的学者之一。访问期间，他还亲自带我们参观了康奈尔大学的计算中心——理论中心（Theory Center）。那是一个小雪纷飞的清晨，Geoffrey 带着我们驱车来到位于伊萨卡市的康奈尔大学。一进理论中心机房，我们就被林立的机柜震撼了。这个中心当时安装的是 IBM SP2 系统，是当时最先进的并行计算机之一。在这之前，我们还没有见过这么大规模的计算机系统。听了介绍，才知道这个中心的规模在美国还算不上大的。更令人印象深刻的是他们利用先进的计算机所开展的科学研究和获得的科学发现。与美国对比，863 计划 1995 年研制成功的曙光 1000 计算机系统的运算速度只有每秒 25 亿次，而美国的万亿次机即将问世，我国还没有一个像康奈尔大学的理论中心这样规模的计算中心，更谈不上连接全国各地分散的计算中心来构成广域网络计算环境了。这种对比使我们痛切地感受到中国与美国之间的差距之大。

今天回想起来，SC96 之行产生了重要的影响。我们是带着落后之痛和赶超之切回国的。回国后，李未老师在多个场合宣传了美国的网格计划，推动了国内这方面的研究。我向专家组汇报了美国高性能计算的最新发展趋势，提出了研发广域虚拟计算环境的设想。306 专家组审时度势，将研究重点逐渐从研制单台并行计算机转向研发基于网络的高性能计算环境，并于 1999 年至 2000 年实施了重点课题"国家高性能计算环境"，建立了由全国各地五个高性能计算中心构成的国家高性能计算环境。特别是自 2002 年起，863 计划在高性能计算方向连续实施了三个重大项目，把研制高性能计算机，构建高性能计算环境和发展高性能计算应用三者有机结合，相互支撑，协调发展，使我国的高性能计算得到长足发展。2010 年 11 月，中国研制的"天河一号"终于首次摘取了世界超级计算机 500 强第一的桂冠。今天，"天河二号"已经连续五次位居世界 TOP500 第一，基于自主软件建立的国家高性能计算环境——中国国家网格的资源能力居世界前列，在世界同类环境中有重要地位。我国高性能计算应用的并行规模从几十 CPU 核发展到百万以上 CPU 核，有了几个数量级的提高，并取得了显著的应用实效。对比 SC96 时的情形，这些成绩怎不令人喜悦，令人骄傲？真可谓"世上无难事，只要肯登攀"。但同时必须看到，我们在高性能计算核心技术、应用和环境服务水平方面仍落后于世界先进水平，必须要以"而今迈步从头越"的气概面对未来。

　　20 年过去，弹指一挥间。我为能把精力最旺盛、经验最丰富的 20 年献给祖国的 863 计划事业而感到骄傲。我庆幸能在国家科技计划的高度为我国科技发展贡献个人的绵薄之力，我庆幸能结识许许多多战斗在科研第一线的科技工作者，从他们身上吸取丰富的营养。我庆幸能亲眼见证我国高性能计算事业所取得的巨大进步。20 年过去了，我已经从年富力强的中年步入年过花甲的老年，但是我觉得人老心不能老，还应该保持当年的朝气、当年的激情、当年赶超世界先进水平的急迫心情和干劲。在你追我赶、激烈竞争的国际环境下，要想一直走在前列，就一定要永远把当前的努力当成万里长征的第一步，这也就是为什么我会常常想起 20 年前 SC96 的那段往事，常常再努力去感受当年的那种心情。

网络就是计算机

吴建平

"网络就是计算机"是 20 世纪 90 年代初期美国 SUN 公司首席执行官 Scott McNealy 首先提出的概念。虽然当时人们并没有对它像今天这样理解深刻，但是它却成为我与国家 863 计划计算机主题联系的直接"纽带"。

我 1977 年从清华大学电子工程系计算机专业毕业以后，就开始从事分布式系统和计算机网络的研究工作。1979 年在清华大学攻读研究生期间，把当时国际标准化组织 ISO 开放系统互连 OSI 模型及其 X.25 协议作为研究目标。1982 年研究生毕业后，在国外限制向中国出口计算机网络设备的情况下，开始用单板计算机开发 X.25 网络设备，研究用 X.25 协议构建中小型计算机网络，并取得了成功。先后应用于清华大学校园网，某些军用和民用远程计算机通信网络等，以及 1990 年北京亚运会计算机通信网络。当时在国内自行研究计算机网络的还有中科院计算所钱华林团队和电子部 15 所赵小凡团队。虽然当时受各方面限制，国内研究团队没有研究 TCP/IP 互联网技术，但是确实培养了国内最早的计算机网络研究人员，也深刻体会了 ISO/OSI 模型和 X.25 协议技术的局限性和缺陷。

80 年代后期我有幸在加拿大哥伦比亚大学(UBC)计算机系(当时加拿大连接美国 NSFNET 的学术网 CANET 网络

中心)访问学习期间，第一次使用互联网和接触 TCP/IP 技术，深刻体会和理解了由计算机技术专家开发的 TCP/IP 互联网与 ISO/OSI 计算机网络的根本区别和优势。当我 1989 年底回国时，已经是一个坚定的 TCP/IP 技术追随者，并决心在中国实践和推广。不仅在 90 年代初期参与连接中科院、清华大学和北京大学的中关村地区 NCFC 国家项目时，坚持采用 TCP/IP 技术，还在 1993 年"巴统"解除对中国高技术封锁后，积极参与和推动 TCP/IP 互联网技术在中国的发展。1994 年国家支持清华大学等高校建设中国第一个互联网主干网——中国教育和科研计算机网示范工程 CERNET，1995 年底国家验收时就连接了 108 所高校和几万用户，大规模实践和体验了互联网技术和应用。

(一)率先支持互联网，网络就是计算机

我第一次听说国家 863 计划是在 80 年代末在加拿大 UBC 学习期间，知道其中的计算机主题主要是在研究当时国际流行的"智能计算机系统"，特别是日本提出的"第五代计算机"。回国后看到当时国家 863 计划计算机主题专家组由汪成为老师领衔，包括我的博士生导师王鼎兴老师在内的国内计算机领域大专家参与，感觉到很神秘，同时很敬仰和崇拜他们，认为他们都是为中国计算机技术发展干大事业的人，梦想着有一天也应该让互联网技术成为计算机主题的重要内容之一。

1992 年，国家 863 计划成立了通信主题。1993 年通信主题确定的战略目标是：到 2000 年，掌握宽带化、智能化、个人化综合业务数字网(BIP-ISDN)的关键技术，为我国 21 世纪通信产业的发展提供必要的技术基础。"八五"阶段的研究内容

为：通信网与交换技术；光纤通信技术；个人通信技术；多媒体通信终端与系统技术。我听说通信主题专家组中有中科院计算所的王行刚老师，感觉到王老师是搞计算机网络的专家，通信主题以后一定会重视互联网技术。但后来听说王老师只负责多媒体通信终端与系统技术，感觉到有一点儿失望。1996年通信主题计划在"九五"期间分为四个专业分组：网路与交换、光纤通信、个人通信和多媒体通信时，我感觉到863计划通信主题没有把互联网技术作为研究重点，而把当时非常火热的ATM技术作为研究重点，真有些为国家高技术计划着急了。

当1996年863计划计算机主题遴选专家时，我就以"网络就是计算机"为题参与了答辩，建议在国家863计划计算机主题中重视研究互联网技术。但是当年由于一些原因没有进入863计算机主题专家组。1998年863计划计算机主题再次遴选专家时，我仍然以"网络就是计算机"为题参与了答辩，同时介绍了CERNET项目的成功，和在中国发展互联网技术的重要意义。"网络就是计算机"成为我当年加入863计算机主题专家组大家庭的直接"纽带"。

1998年开始，在科技部和高文为首的计算机主题专家组全体共识和支持下，率先在863计划中安排和开展互联网技术研究，特别是路由器和交换机、网络与信息安全（防火墙）和互联网应用等方面的研究，在我国以后互联网技术发展中具有战略意义。

（二）大师谋划有远见，超前布局算通机

我1998年进入863-306主题后，先后在高文、怀进鹏教

授领导下与一批当时计算机领域的年轻专家工作多年，大家意气风发，认真负责，以国家计算机发展为己任。"十五"当选为863 计划信息领域专家委成员后，又在郑南宁老师领导下与国内信息领域一批中青年专家一起工作，大家相互交流，真诚学习，共同为国家信息领域高技术发展出谋划策，我具体联系通信主题，特别是经常与汪成为、李未、邬贺铨和李国杰院士等一批国家信息领域的战略科学家见面，聆听他们的高瞻远瞩和谆谆教诲，真是受益匪浅。在科技部高技术司的冀复生和冯记春司长，以及几任处长领导下的愉快工作的情况，这些年也总是历历在目。

最近这些年来，面对移动智能手机的迅猛发展以及互联网丰富应用的眼花缭乱，使我常常想起十几、二十年前汪成为老师的英明预见、主题专家的谋划布局、高文带领团队勇于实践的"算通机"。这恐怕是 863 计划计算机主题 30 年中最成功的预见和谋划之一。

尽管今天的先进智能手机(苹果的 iPhone、三星的 Galaxy Note7、华为的 Mate9 等)依托高速互联网或/和移动通信系统，强大的芯片计算和存储能力，高超的交互视觉效果，以及丰富完备的计算应用平台，其对当今社会、产业和人们的深刻影响远远不是当时要做的"算通机"可比，但是当时"算通机"把计算和通信融为一体的基本理念，还是相当超前和令人佩服的。

(三)坚持发展又创新，世界争雄超算机

30 年前 863 计算机主题开始于计算机系统的研究，今天863 计划支持的中国"天河"、"神威"等高性能计算机系统争

雄世界，成为国家 863 计划、特别是计算机主题最值得骄傲的重大科技成果之一。

863 计划计算机主题之所以能在高性能计算机系统研究方面取得举世瞩目的成功，我认为起码有以下三点重要启示。

首先是定位准确、坚持不懈。计算机主题必须搞计算机系统，这既是计算机主题的"灵魂"，也是主题专家组和科技部领导的长期共识。从跟踪到赶超、从赶超到引领。坚持不懈，一步一个脚印，一步一个台阶，终于"修成正果"。

其次是战略谋划、果断决策。30 年前我国的计算机系统研究水平就是国产 DJS130 和 DJS140，离国际水平相差甚远。如何开始我国的计算机系统的高水平研究，成为主题专家组的重要战略选择。计算机主题 30 年前起始于智能计算机研究，当老一辈主题专家组发现国外经过几年的研究后难以实现智能计算机原定目标时，就果断调整回正确的计算机系统研究方向，并且坚持不懈。

最后是不断创新、敢于争雄。在国外长期垄断计算机核心芯片的情况下，中国的计算机系统研究到底要不要啃下这最后一根骨头，一直是人们争论的重点，也是战略布局的关键。这些年来，计算机主题不仅支持在高性能计算机体系结构方面创新，奋力追赶世界领先水平，还支持自主研制核心芯片，最终实现争雄世界的梦想。值得欣慰的是，在 863 主题 30 周年纪念之际，继"天河"计算机系统连续 5 次蝉联世界第一后，采用自主核心芯片的"神威"计算机系统又一次取得了世界第一殊荣。这是中国高性能计算机系统的又一次重要飞跃。计算机主题实现了"不忘初心，方得始终"的辉煌结果。

我从"九五"863 计划开始，就按照信息领域的布局，开始与"通信主题"结合，共同参与互联网技术方面的工作。先后参加了 863-300 重大项目领导小组；在"十五"信息领域专家委中负责联系"通信主题"；"十二五"更是成为"网络与通信主题"召集人。但是，863 计算机主题始终把我当成"自己人"，还戏称我是计算机主题的"潜伏"。我将会坚持不忘"网络就是计算机"的初心。

推动软件高新技术发展：从项目到事业
——在 863 专家组的二三事与体会

吕　建

我于 1998 年通过激烈的答辩与竞争进入了 863 高技术计划信息领域"智能计算机主题"专家组，后经历了"计算机软硬件主题"专家组，信息领域专家委员会等，历时约 13 年。先后担任主题专家组成员、主题专家组副组长和信息领域专家委员会委员等，按照"发展高技术，推动产业化"的要求，在汪成为、孙钟秀、王鼎兴、李未、李国杰老师等众多学界前辈的指导与熏陶下，与高文、刘积仁、钱德沛、怀进鹏、王怀民、谭铁牛、李明树、吴建平、刘澎、刘峰、梅宏、钱跃良、褚诚缘、谢崧等同仁团结协作，主要负责推动软件高新技术与产业化工作，从 863 高技术的角度见证了中国软件高新技术与产业的发展过程。回顾过去岁月，感慨万千，特总结经验教训，一为个人未来发展提供指导，二为后来人提供参考借鉴。

（一）强化发展战略研讨，谋划未来发展途径

自进入专家组以来，通过战略研讨来谋划中国高新技术未来发展就是一项必修课。在专家组内，每年度都会举行 1～2

次比较正式的战略研讨会，由每个责任专家从国家战略需求、国际发展趋势与中国现实状况等角度来综合分析相关领域的发展情况，并提出相应战略建议。例如，本人在智能计算机主题专家组时撰写的"软件发展战略初探报告"中，提出了中国软件高新技术事业的发展目标是"关键软件能自主，软件产业成体系，发展方式能跨越"。然后从国际与国内两个侧面分析了达到此目标的限制条件；在此基础上，提出需要从战略的高度来思考中国软件发展的道路、机制、措施等，并提出如下建议："①分析热点，探求规律，准确定位；②结合国情，寻求合适的发展道路；③抓住方向，持之以恒，形成气候；④建立有效模式，优化人才资源的配置"。虽然时过境迁，但现在看来，有些观点仍然有指导意义。

（二）发展软件新技术，技术推动是主要内涵

在我进入智能计算机主题专家组时，只有 300 万左右的经费来专门投入软件高新技术部署与发展。随着中国经济的发展，能够投入软件领域的经费有了较大增长。不管经费投入的多少，专家组始终强调要在发展战略的指导下，从多个侧面来分析高新技术的发展趋势与产业需求，从而能够使得 863 项目部署与推动基本上都能够踩在关键节点上。例如，在当年的技术趋势的分析报告中，我们认为，软件新技术的微观发展趋势可以归结为："基础平台网络化、并行化；基础技术主体化、协同化；开发方式自动化、复用化；基本属性高可信、适应性；目标系统中件化、服务化；应用模式网格化、普适化；使用模式智能化、自然化；组织模式规范化、开放化"。在宏观上，强调主题

应在："软件运行支撑技术、软件生产与设计技术，以及软件质量保障技术等前沿性关键技术方面取得突破和重要进展，构建起具有国际竞争力的中国网络软件核心平台，初步形成中国品牌中间件及配套的软件平台的研究、开发与应用的创新链"。按此思路与主线来部署我们在软件领域的各类项目，取得了良好的效果，也为后来核高基中中间件的发展奠定了良好基础。

（三）强调协同化创新，技术产业共同进展

在本人进入专家组之初，由于经费的限制，比较多的关注点主要集中在技术的发展上。随着我们国家各项事业的发展，需求日益迫切，经费投入不断加大。863 专家组在关注关键技术突破的同时，越来越注重"顶天立地"与"抓大放小"战略，越来越注重政产学研用的协同创新，集中全国水平最高的高校与科研院所、软件骨干企业和重要应用单位的力量进行协同创新，在体系化的架构下，来布局与实现"发展高技术，实现产业化"的理念。例如，我们抓住"软件中间件技术及其产业化"的发展机遇，将其放在"网络时代操作系统"的核心地位，按照"3445"的方式，即 3 个突出、4 个转变、4 项成果、5 类效果，通过协同创新来推动跨越式的发展。所谓 3 个突出是指：①突出体系建设，主要包括技术产品体系、研发用创新体系、应用推广体系、人才与知识产权体系；②突出实际效果，主要包括行业应用效果、产业推动效果、标准专利效果、技术创新效果；③突出机制创新，主要包括基地建设机制创新、成果转换机制创新、成果评价机制创新。所谓 4 个转变是指：①从"面向技术的分离的目标产品系统"向"面向应用的主流技术产品

体系"的转变；②从"面向技术展示的应用示范推广"向"面向实际效果的应用与产业示范"的转变；③从"研企结合机制的初步探索与实验"向"结构合理的研发用创新链"的转变；④从"知识产权与人才培养的初期积累"向"三大战略的全面实施取得成效"的转变。所谓4项成果是指：①面向应用的主流技术产品体系；②面向实际效果的应用产业示范；③结构合理的研发用创新链建设；④三大战略的全面实施成效。所谓5类效果是指：①建立与国际主流技术产品同步的实用化中间件主流技术产品体系；②研发用创新链建设与形成为中间件的大发展提供不可或缺的载体；③用国产中间件产品系列的推广应用来推动软件产业和行业信息化发展；④用中间件技术产品的转化来促成企业逐步成为中间件研发的主体力量；⑤基本形成中间件发展的知识产权与人才体系并呈献良好发展态势。从而在协同化创新方面积累了有益的经验和教训。

（四）863是一项事业，机制创新是基本保障

863高技术计划的宗旨是"发展高技术，实现产业化"。因此，它是一项伟大的事业。不仅涉及技术的发展，产业的发展，成果的应用，团队的建设，更是以上各种要素的综合集成与机制创新。在技术发展方面，为了推动中间件技术的发展，推动成立了以北京大学、北京航空航天大学、国防科学技术大学和中国科学院软件研究所为主体的四方国件联盟，此联盟后与国际上著名开源软件联盟OW2发展合作并取得了实质性的合作成果。该联盟在2009年已发展成为由企业主导的"四方国件产业技术创新战略联盟"，2012年4月28日经科技部审核批准成

为产业技术创新战略联盟试点单位。目前"联盟"拥有国内主要的产学研 14 家成员单位，其中企业单位 9 家，包括从事中间件产品及平台研制的主要企业，如山东中创软件工程股份有限公司、北京东方通科技发展有限责任公司、深圳市金蝶中间件有限公司、中国软件与技术服务股份有限公司、北京神州泰岳软件股份有限公司、万达信息股份有限公司、恒生电子股份有限公司等；大学及科研院所 5 家，包括北京大学、北京航空航天大学、中国科学院软件研究所、南京大学、西安交通大学。该联盟已经成为中国中间件发展的一个重要载体。在产业发展方面，我参加了由科技部惠部长带领的科技代表团去印度考察软件产业的发展，回来后由我按照"印度软件产业的体系与特点、印度软件产业发展的启示、提升软件企业国际接轨能力的若干建议"的思路起草了访印报告；受印度软件产业快速发展的启发，专家组决定在中国推广 CMM 质量保障体系；为此，我还专门去 CMM 的发源地——美国 CMU 大学的相关机构进行了访问与交流；然后在 863 专家组负责推动了"基于 CMM 的软件质量保障体系"的建设，此项目为推动 CMM 质量保障体系在中国的推广应用做出了贡献。此外，我们启动了软件产业国际化示范城市项目、软件专业孵化器推进项目等，这些项目在机制创新方面进行了有益的探索，为中国软件高新技术的推广应用提供了有益的经验。

虽然 863 高技术计划对中国软件事业的发展起到了巨大推动作用，但与成为软件强国的目标相比，仍然有一定的差距。展望未来，我们需要在创新驱动的大背景下，从"更高、更远、更实"的角度来思考未来的发展道路与途径。例如，为什么我们做什么的机遇多，部署各类项目广，研究取得进展大，但总体进展满意度总是不高？这些问题的回答可能需要考虑项目之外环境与发展方式问题。在思考科研环境与发展方式时，如下问题值得思考："面向对象技术的种子能够在中国土壤上产生吗？欧洲的面向对象技术的种子为什么在美国的土壤里成长？为什么操作系统在中国的发展那么艰难？Linux 设计者在我们的环境中如何生存？Java 技术在我们的环境中能够长大吗？为什么我们总是'醒的早、走得慢、跟不上'？"对上述问题的思考与回答可能会对中国软件事业又好又快的发展提供有益的启迪。

有感 863：战略、创新、责任

王怀民

国家 863 计划已经走过辉煌的 30 年，并将走进历史。30 年来，我有幸在 863 的沐浴下成长，从协助老师做资料分析的帮手(戏称"球童")，到成为课题骨干(戏称"主力队员")，再成为课题负责人(戏称"教练员")，后来成为主题专家组成员(戏称"裁判员")，再后来又成为 863 重点项目负责人(戏称"领队")，组织数十家单位联合开展研发工作，工作中接触到一批高瞻远瞩的科学家、勇于开拓的政府官员和年轻有为的同事。不同的角色经历和榜样让我对 863 计划以及自身有了多角度的观察和认识。如果问 863 计划给我最刻骨铭心的影响或者记忆是什么，我想可以用三个关键词概括：战略、创新和责任。此文就以这三个关键词为线索谈一谈自己从事 863 工作的点滴感受。

（一）战　　略

863 计划是中国战略性高技术计划，重视战略研究也就成为 863 计划的特质。什么是战略研究？回顾我涉足 863-306 主题战略研究三个不同阶段的经历，我体会到，战略研究不仅仅是设定长远发展目标，还在于选择或设计实现战略目标的路径，此事意义深远。

第一阶段是863计划启动阶段。当时，我作为研究生在陈火旺老师的指导下参与了软件自动化发展战略研究，成为战略研究的被动介入者。陈老师是863计划首届信息领域专家委员会委员。早期863计划信息领域设立了智能计算机主题（也就是863-306主题），其中软件方向的研究重点是软件自动化。二十世纪六七十年代，高级程序设计语言及其自动编译技术取得巨大成功，极大提高了软件开发效率和质量。80年代，学术界期待在更高级的说明性软件语言上取得突破，以进一步提高软件自动化的水平。但是，形式系统在表达能力和可计算性方面的"天花板"使得这项工作举步维艰。如何处理人与工具的关系，成为软件自动化战略研究必须回答的问题。我对这个问题的研究和思考持续至今，对我在2007年主持863计划高可信软件方面重点项目提供了帮助。

第二个阶段是20世纪90年代前半期。我作为科研骨干开始关注863-306专家组所做的战略研究。863计划开启之初，日本第五代计算机计划如日中天。习惯了跟踪的中国科技界自然而然又跟了上去。1990年，我作为国防科大的代表，参加了863-306专家组在北京饭店举办的中国智能计算机发展战略研讨会，在这次会议上，863-306专家组做出了一个重要抉择，中国智能计算机的发展路径是"主流计算机＋智能接口＋智能应用"。这次经历使我对战略研究产生了兴趣，成为战略研究的主动学习者，更加主动的关注专家组战略研究动态。1994年专家组部署了Client/Server方面的课题，我有幸在吴泉源老师的带领下全程参加了该课题的研究。后来，专家组组长汪成为老师进一步提出网络时代计算系统体系结构预测：从Client/Server到Client/Cluster再到Client/Virtual Environment。这一预测影响了我在面向互联网的虚拟计算环境方面的研究。后来出现的云计算、大数据、物联网及其发展都证明了这一预测的准确性。两年前,我拜访汪老师再次谈及此事,汪老师问我如何看待 Virtual Environment 与云计算的关系，我回答，云计算是 Virtual Environment 的一种实现形态，汪老师笑而不语。

第三个阶段是 90 年代后期至世纪之交。我作为专家组成员亲自参与 863-306 专家组的发展战略研究和新 863 计划的战略规划，我成为战略研究的积极参与者。这个期间，新老专家组成员经常在一起开展发展战略研究，产生一系列重要成果，我记忆最深刻的是专家组对 P3C 和开源软件发展的预测和规划。在专家组组长高文老师的领导下，我参与组织了基于开源模式的、旨在发展网络时代基础软件的共创软件联盟。今天，移动互联网、智能手机和开源生态的发展都证明这些发展战略研究成果的前瞻性，也深刻影响了中国互联网应用创新，成就令世界瞩目。但其中也有令人遗憾的地方，十五年过去了，中国没有能够在智能终端的基础软件领域成为世界潮流的引领者，Android 出现在 Google，没有出现在中国。世纪之交，我国在基础软件的目标定位和路径选择上出现了纠结：是开拓疆土（发展网络时代的基础软件），还是收复失地（解决计算机操作系统和数据库管理系统的自主可控问题）？是通过开拓疆土实现收复失地，还是先收复失地再开拓疆土？在安全和发展的关系问题上，最后安全问题占了上风。专家组有一个形象的比喻：我们在战略研究上往往是"起了大早"，但在战略执行上却往往是"赶了晚集"。是战略定位上出了问题，或是实现途径上出了问题，或是把握时机上出了问题，或是能力条件上出了问题？可能多种因素兼而有之。

（二）创　　新

863 计划高度关注技术创新。什么是技术创新（Innovation）？我对这个问题的认识经历了理解、实践和反思三个阶段。我体会，技术创新是科技创新驱动经济社会发展的活动。时至今日，这个问题对于中国仍然是重大课题。

高文老师曾经在专家组会议上用朗讯科技的 logo 比喻技术创新与科学研究的关系。这个 logo 是一个用中国画技法绘制的圆圈（如图 1 所示），由虚到实，再由实到虚，前者寓意技术创新，即知识变财富的过程，后者寓意科学研究，即资金变知识的过程。当年 4 位老科学家给中央写信建议中国发展战略性高科技的主要出发点是国家安全。在国人心中，国防领域的高技术（例如当年的"两弹一星"）才是战略性高技术。然而，二十世纪后三十年，在美国，信息技术催生了一个战略性新兴产业，这就是信息产业，硅谷成为我们学习的榜样。过去的战略性高技术是影响国家安全的高技术，今天的战略高技术是推动国家经济社会发展的高技术，信息技术的战略意义正在于此。在 863 计划实施 5 周年之际，邓小平同志题词："发展高科技，实现产业化"。我认为，这个题词道出了技术创新的内涵，也体现了国家对 863 计划的期待。

图 1　朗讯科技的 logo

那么如何开展技术创新？刘积仁老师在 863 专家组会议上讲的故事给我深刻触动。大意是这样的：大学教授做图纸自动识别，只关注图纸识别算法的识别率，做到 95%，还继续努力做 95.6%、95.7%，研发投入越来越大。而企业家思考的是在一个产品中如何以恰当成本选择恰当的技术，解决恰当的问题，给用户恰当的承诺。如果用 95% 识别率的图纸识别算法形成一款图纸数字化工具，告诉用户可以减去 95% 的人工工作量，这是一个恰当的承诺，如果试图向用户承诺完全自动识别，必然导致用户抱怨，甚至导致产品永远不能交付。开展技术创新需要科研工作者转变观念，身体力行。对此我也深有体会，我在攻读博士学位期间开展了面向 Agent 程序设计语言的研究，关注的是智能化和自适应问题。在开展 863 课题分布式 Client/Server 计算系统研究中，我们将 Agent 研究关注点聚焦到当时网络信息系统最棘手的互操作问题上，并基于分布对象技术找到了互操作的实现途径，开发了分布计算软件平台 StarBus，受到企业和用户的欢迎，之后我们与中间件企业合作，实现了成果转化和产业化。863 计划在推进我国中间件技术创新方面做出了重要贡献，这一过程历时 10 年，我本人亲历其中，虽然十分艰难，但收获颇丰。令我特别欣慰的是陈火旺老师和李未老师对我在中间件技术创新的工作给予充分肯定，他们在学术研究方面的造诣和成就曾经激励我继续计算机科学理论的研究，我原以为两位老师对成果转化方面的工作没有兴趣，是他们鼓励我在成果转化的实践中发现和凝练科学问题，努力做开创性的科学研究。

中国科技体制改革长期要解决的问题是学术研究和技术创新"两张皮"的问题，早期的解决之道是两张皮合成一张皮，从而导致从科技计划到科研机构都要求"顶天立地"。实践下来，我们认识到两张皮就是两张皮，解决两张皮问题不能靠合成一张皮的办法，而要找到连接两张皮的机制。最近，美国工程院院士、普林斯顿大学的李凯教授在多个场合谈及 863 计划的成败，李凯教授的一个重要结论是，从技术创新的角度看 863 计划是失败的，他的评价基于三个标准：第一，是否产生了颠覆性技术；第二，是否在某个领域的国际市场上占据领头羊的位置；第三，是否通过核心知识产权创造出很高的毛利。这三条标准是对技术创新的很好注解。我想，如果按照历史唯物主义的观点，也就是在中国发展高科技的历史背景下分析 863 计划在技术创新方面的贡献，结论可能就豁然开朗了。第一，30 年前，863 计划提出之初，中国根本没有技术创新的概念，而今天，创新驱动发展已经成为国家战略，这其中 863 计划在技术创新方面的实践功不可没；第二，今天回看 863 计划的 30 年，即使按照李凯教授的三条标准衡量，我们已经能够看到 863 计划在推动技术创新方面的果实，例如，科大讯飞在人机语音交互领域的成功就是 863-306 主题早期支持的又一成果，只是这方面的成果还不够多；第三，中国发展到今天，必须接受用李凯教授的三条标准衡量技术创新能力和成效了。15 年前，中国已经意识到"企业是技术创新的主体"，863 计划开始鼓励大学与企业合作承担 863 项目，甚至要求企业牵头承担 863 项目。但当时中国企业的科技创新能力弱、投入少，作为市场主体，能够"活着"成为企业家的底线，"山寨"成为中国企业最经济的发展模式，企业在技术创新方面的成效十分有限，因此也就难免被社会舆论诟病。我们专家组也多次讨论技术创新的实现途径问题，企业技术创新的主体性究竟如何实现？是通过自主投资技术创新活动实现，还是通过承担国家技术创新项目实现？国家科技计划应该承担什么责任，大学、企业和市场各自应该发挥什么作用，需要什么样的机制保证？在今天，这个问题又一次纳入中国全面深化改革的议事日程。时代在发展，这一次改革，中国在创新驱动发展方面一定会取得更加令世人瞩目的成就。

（三）责 任

863 计划曾经担负着重大国家责任。什么是 863 的责任？我体会，863 的责任是"顶天立地"的责任，"顶天"就是要引领未来，重在前沿研究，"立地"就是要支撑发展，重在技术创新。这种责任是由中国当时发展的历史条件决定的，当时，国家资金有限，国家自然科学基金委刚刚成立，973 计划和火炬计划也是后来的事情。对于这份责任的挑战和纠结，只有身临其境才能有所体会。我逐渐由局外人变成了局内人，由观察者变成了维护者。

国家 863 计划可以大致分为 2000 年前的 15 年和 2000 年后的 15 年。前 15 年的 863 管理体制是专家组负责制，责任主体单一，目标也很明确，就是出"目标产品"。当年 4 位科学家建议全国人民每人少吃两个鸡蛋，拿出 2 个亿人民币发展中国战略高科技，字里行间体现出那一代战略科学家对国家安全发展的责任感。后来我们都知道，国家决定到 2000 年拿出 100 亿，远远超出科技界的预期。专家组的责任大了！伴随着国家改革开放和科技体制改革，服务于国家经济社会发展成为科技工作最重大的责任。在这 15 年中，我时时刻刻都能够感受到专家组如履薄冰的责任担当。我参加 863-306 专家组工作时，863 计划已经进入交账期，专家组时刻面对的话题就是能否交账，交推动国家经济社会发展的账。可以这样简单表述 863 前 15 年的发展里程碑：五周年，拉起了队伍，明确了主攻方向；十周年，形成了目标展品；十五周年，形成了目标产品。863 计划成为了中国科技届的一面旗帜，国家决定将 863 纳入国家五年计划持续支持。可以说，863 前 15 年专家组担负起了历史责任，交出的合格答卷。

但是，863 计划后 15 年，情况开始有了很大变化。首先是国家对 863 计划的投入大大增加了，由前 15 年共计 100 亿人民币发展到年投入超过 100 亿人民币，真正体现了发展支持创新（资金变知识）；其次是国家要求 863 承担创新驱动发展（知识变财富）的更大责任，支撑国家转型发展的创新技术，支撑具有国际竞争力的战略性新兴产业及其产业生态环境的形成和发展；最后是 863 管理体制持续改革，由专家组决策和项目管理，到政府决策、专家组咨询和项目管理，再到政府决策和项目管理、专家组咨询，政府分担了专家组越来越多的责任。无论谁承担责任，责任都在那里，关键是各责任主体是否找到找准了担当责任的着力点，并协力共担！在技术创新领域，创新活动由产品到产业再到产业生态环境的投入有指数增长规律：开发一款颠覆性技术产品的投入是模仿一款产品的十倍量级；推动一款颠覆性产品实现产业化并成为领域的领头羊又需要十倍量级投入；而构建战略性新兴产业的生态环境还需要十倍量级投入。这种投入仅靠政府财政投入是难以承担的，更何况产业生态环境不是靠政府投入就能够建立的，需要全社会的共同努力。中国正处于产业升级转型期，国家期待 863 计划肩负起应有的责任，但是我们还在为如何担负责任寻找着力点。用力的地方没有找到或者没有找准，又何谈担当了？更进一步的，构建产业生态环境较之形成目标产品，周期更长，风险更大，863计划在其中的贡献更难评价。这就是863计划后15年不得不面临的尴尬和挑战，也是"初级阶段"作证吧。

以我参与工作较多的软件领域为例，进入"十五"，计算机软硬件主题专家组（11专家组）在推进中国软件产业和生态环境建设方面部署了一批课题，做了大量卓有成效的工作，例如，在各地软件园部署公共服务环境、发起中间件产业联盟、构建可信的国家软件资源共享与协同生产环境等，专家组几乎用了一半的精力推动此工作，其敬业精神传承了历届专家组的责任担当，软件成果由过去被戏称为"印在纸上、挂在墙上、刻在盘上"，"看不见、摸不着，软的很"，发展到今天能够"留在网上"，供全社会共享，为全社会服务。但是，863计划推进工作的手段是课题经费，课题承担单位只对课题合同书负责，课题完成后，课题成果能不能持续发展，要看成果主体有没有继续发展的动力和机制了，国家的科研经费不能做风险投资，技术创新后期应该发挥市场在配置资源方面的决定性作用了，863的课题机制不可能担负市场责任。最近，我与一位在863领域工作了30年的政府官员谈及小平同志"发展高科技，实现产业化"的题词，他说，当时，小平同志题词前一句是给863计划的，后一句是给火炬计划的，不知为何，863计划把这两句话全担起来了，不堪重负啊！

在我完成此文的时候，媒体传来屠呦呦获得2015年度生物学或医学诺贝尔奖的好消息，4年前关于屠呦呦学术评价的文字在网络媒体上又一次传播开来。科学家的责任、科技计划的责任、对科学家的学术评价、对科技计划的贡献评价，在当今社会、在中国科技界已经是回避不了的话题。关注责任、关注评价是社会主体的本能，这也是机制设计能够发挥效用的原理所在。863 计划也将被历史评价，这里需要厘清责任和贡献的关系。863 计划的后 15 年承担了太多不应该承担甚至承担不起的责任，这就难怪李凯教授认为 863 计划是失败的计划了，从李凯教授文章的本意看，标题应该改为"863 计划担负不起责任"，当然这个题目在网络媒体时代不够博眼球。

中国开源之乡共创软件联盟

——记863计划推动基础软件和开源软件兴起历程

刘 澎

（一）开 源 初 兴

21世纪第一个早春，人民日报、光明日报、计算机世界、中国计算机报等主流媒体和专业报刊陆续发表了类似消息：

【本报讯】为联合国内立志振兴民族软件产业的优秀力量，广泛汇聚软件技术精英，实现软件成果高效率的传播，推动我国软件产业实现跨越式发展，由863-306专家组与国内著名科研教育机构、软件企业及专业媒体共同发起的"共创软件联盟"2000年2月28日在京正式宣告成立，同时发表了共创软件联盟宣言。

宣言指出，共享的、开放的源码使应用软件产品和软件服务摆脱了以操作系统为核心的公共基础软件的束缚，独立应用软件产品生产提供商和软件服务提供商已经出现。我国已经有条件通过863计划的广泛性进一步促进软件企业之间、软件企业与学术界教育界之间、软件企业与用户之间的智力汇聚与成果共享，提高我国在软件领域的集体创新能力。

共创软件联盟将实现的三项功能是：①为创新的软件技术

提供迅速发育和快速成长的开放环境；②为广大软件开发人员提供共享成果的场所和合作交流的渠道；③为开发应用软件及系统的企业和用户提供低成本的公共基础软件和高品质的技术服务。

该联盟将在开放源码许可证规则的支持下，启动一批 863 软件成果的发育和成长项目；整理发布一批国际上广泛关注的开放源码软件，并提供相应的技术服务。

共创软件联盟是在国家 863 计划智能计算机系统主题专家组的倡导下，由国内高校、科研机构、企业等共同发起的。共创软件联盟 (Co-Create Software League，CoSoft) 实际是中国软件行业协会共创软件分会的别称，是在 2000 年 2 月由立志振兴中国软件产业的机构和个人发起并依法登记成立的、非营利的软件技术联盟。

共创软件联盟的目标是成为中国基础软件的主要研发方式之一，为开发应用软件和系统的企业或用户提供低成本的公共基础软件和高品质的技术服务；成为优化开放源码软件的孵化环境，为创新的软件技术提供迅速发育和快速成长的开放环境，为广大的软件开发人员提供共享成果的场所和合作交流的渠道，促进开放源码软件技术服务发展的环境；成为新的软件评价的参照体系，以推进先进软件技术为目标，参与形成国内相关软件标准；开展开放源代码软件的国际合作，协助国内开放源代码软件事业走向世界。

为了共创软件联盟成立，主题专家组的高文、钱跃良、王怀民、李明树、怀进鹏、吕建等专家为此进行了近两年的谋划和筹备工作。共创软件联盟理事长、863 计划智能计算机系统主题专家组组长高文在成立大会上介绍，成立软件联盟的目的，是要联合国内的软件企业和科研机构，通过开放源码实现广泛的智力汇集和高效的成果传播，推进软件技术创新，以实现我国软件产业的跨越式发展。当今，世界软件产业正在经历一次新的生产力大解放，其标志是共享的、开放的源码使应用软件产品和软件服务摆脱以操作系统为核心的公共基础软件提供商的垄断束缚，它正在改变着软件产业的格局。我国软件产业发展和国外相比尚有很大差距，根本原因在于我国在软件领域的集体创新能力薄弱。在人才培养方面，基础软件教育从书本到书本，缺乏实践的条件和动力，高校软件专业毕业生甚至很难接触到较深的系统程序；在研发方面，普遍存在单打独斗、低水平重复、积累少、不共享的问题；在产业方面，应用软件开发严重受制于国外基础软件，成本高，竞争力差。软件作为信息技术的核心和灵魂，是信息技术竞争的一个重要制高点。高文组长表示：该联盟希望成为中国管理某些领域开放源码软件的最权威、最开放的组织，并为中国软件产业的发展在机制上进行积极的探索。

中国不能没有自己的信息产业，中国要有自己的信息产业就不能没有自己的软件业，中国要有自己的软件业，基础软件就是必须逾越的第一道难关。随后，306 专家组推荐我担任共创软件联盟秘书长，负责联盟日常事务，已经凝聚了中科红旗、上海中标软件、北京共创开源、珠海金山软件、中文红旗贰仟、北京软件产业促进中心等国内主要基础软件厂商和推进机构的共创软件联盟开始了披荆斩棘的艰苦历程。

（二）生 机 勃 发

2001 年，863 计划依托共创软件联盟与北京市科委共同推动 863 软件专业孵化器建设。北京市科委俞慈声副主任认为北京软件孵化器的难点和重点是孵化国产基础软件，她极度忧虑初生的国产基础软件生存空间。这一年，北京市政府准备全面实施软件正版化，国产基础软件出现了一次商机。当时，中国软件产业才刚刚起步，国产办公软件少有人用，Linux 产品也是基本堪用，国内 Linux 企业的发展尤其困难，亟需政府的支持。尽管《政府采购法》还没有正式生效，但是各个软件企业都明白政府应该采购本国产品，以保证纳税人的利益，因此，北京采购极大地鼓舞了业内的气氛。

2001 年 12 月，共创软件联盟应北京市科委邀请，参加了北京市政府软件正版化采购支撑工作。北京市科委俞慈声副主任在负责政府正版化工作时认为，如果几百万元人民币可以挽救一个产业，那就非常值得，北京市科委希望采购国产软件以表明政府支持国产软件的决心，给国内软件企业以信心。北京市政府最初只是打算采购一部分国产 Office 软件和 300 套 Linux 桌面操作系统，其他大部分软件产品还是准备从微软采购。在此期间，北京市政府与微软的谈判进行得极不顺利。微软表示，如果不捆绑购买 Windows XP 操作系统和 Office 软件，仅单独采购前者的话，价格会相对高出很多。在谈判僵持的现场，我利用会议间隙，向外界紧急调查了微软产品在市场上的实际成交价格，发现其在各地成交价格十分混乱，但都远远低于此次报价。由于微软公司刚刚在上海成功签订了一份大单，信心十足，表现出一揽子解决、舍我其谁、势在必得、绝不降价、没有谈判的余地的气势，忽视了技术专家对高科技产品采购成交的影响力，为其最后失败埋下伏笔。

在谈判中，专家小组采取了欲擒故纵、循序渐进、步步紧逼的策略。

(1)微软刚刚推出的 Windows XP 必须在网上激活，我们表示了对政务系统联网会有安全风险的担忧，希望微软改为序列号现场激活。微软拒绝了序列号注册激活，但同意专门制作一份网络激活程序。

(2)专家小组要求微软说明激活。

(3)那时，很多专家都在谈论微软的"后门"问题，我们在技术方面虽然没有测试，网上激活的方式肯定不适合政府采购——政府的网络是有一定的安全要求的。

微软的态度是不能降价，必须是 Windows XP，也必须网上激活。微软给人的感觉是垄断和打压。微软提出与北京市政府签订 3 年租用协议，这就意味着，这个产品只有 3 年的使用权，3 年之后如果不继续购买，网上激活方式就会生效，微软可借此通过网上采取锁定计算机、系统等手段控制我们的信息系统。北京科委俞慈声副主任表明微软的提议让北京市不大满意，对微软提出了几方面要求，第一，价格，微软应该将价格降到合理的位置；第二，Windows XP 的网上激活方式不能接受；第三，提出购买 Windows 2000。为此，北京市政府甚至给了微软比其他厂商更多的时间，让其与总部沟通。微软没有妥协，结果丧失了北京政府采购的订单。国产操作系统和办公套件厂商在夹缝中幸运地寻找到第一次生机，开源软件开始进入蓬勃发展时期。

（三）社 区 领 袖

2004 年起，共创软件联盟连续组织了全国开源软件竞赛，推动了各个开源社区的发展。

国防科技大学吴泉源教授推荐了章文嵩博士，章博士开发的 LVS 是我国第一组经过审核编入 Linux 核心代码段的开源程序。LVS 系统被推荐到东北亚开源论坛，与日本开发的 RUBY 编程语言一起获得了论坛最高奖励，代表东北亚开源软件已经列入国际先进水平。章文嵩博士后来表现杰出，自加盟阿里巴巴之后，不负众望，完成了淘宝平台的全面开源代码应用改造，系统经历了多次双 11 购物节压力，成为青年程序员的榜样，开源社区的领袖。

进入 Linux 核心代码段，是成为开源最高奖的一项指标。来自中国科学技术大学的吴峰光的 Linux 内核中的预取算法也因为成功列入 Linux 核心代码段，获得最高奖励。今天的吴峰光已经成为 Linux 代码守护组的成员。

来自芬兰赫尔辛基理工大学的宫敏博士是共创联盟常务理事，20 世纪 90 年代初就将自由软件库引入国内，他是最早从事开源事业的开拓者。他开发的凝思磐石安全服务器系统在国家电网调度系统实现了规模化应用。

共创软件联盟聚集了开源社区的一批领军人物，推动了中国开源事业发展。

（四）标 准 突 围

2007 年，信息产业部和国家 863 计划支持的办公文档标准 UOF（标文通）呈现出良好的发展趋势，一些欧洲国家的政府以及美国的州政府已经选择 ODF 格式，微软主导的办公软件格式受到挑战。微软正在世界范围内争取选票，想在 9 月初截止的 ISO 投票中，使其文档标准 Office Open XML（OOXML）成为国际标准，继续垄断办公软件。共创软件联盟呼吁网民站出来，对微软文档格式标准 OOXML 说"不"。

为了呵护刚刚兴起的国产基础软件生态环境，7 月 23 日，正式上线了针对 OOXML 的调查，截止到 7 月 24 日凌晨 12 点，反对 OOXML 成为标准的票数已达 2400 张。

微软希望通过直通车的方式，快速地借助区域性的标准，形成一个国际标准，这样的话对传承中国文化的文档标准的实施带来非常不好的影响。而且这种做法很大程度上影响了公正性。我们知道微软这个标准已经是事实上的标准了，它为何还要推出新出标准呢？使我们感觉到非常担心的是它在标准里包罗了特别多的东西，包含了几十个软件功能。我们一般认为办公软件都是聚焦在文字处理、演示和电子报表三个方面，现在看到的微软的这个标准包括 OOXML 有六千多页，设计的方面非常多，实际是夹带上述三个软件领域里形成的优势，迅速地扩大到绘图软件，项目管理软件，网页制作软件，一系列地扩充出来。实际在快速地跑马圈地，这些东西没有被充分讨论。我们知道一个国际标准按正常程序要经过大量的争论，大量论证，现在微软试图走一条捷径，这样势必造成垄断的形式。比如市面上正在发行的英国《金融时报》专栏作家哈福德的《卧底经济学》明确质疑：为什么 Windows 每三年就要更换一次，是否存在社会监管不力的原因？一些非稀缺资源变成垄断资源，第一个例子就是微软的 Windows。这个事情上我们可以看到，有大量的信息没有披露出来，他所制订的标准范围没有界定，他快速圈出一大块地，如果我们掉以轻心，对整个全球的信息工业都将产生非常严重的影响。

以倪光南院士为代表的中国工程院也公开支持国产联盟

反对微软这一标准。他们认为：目前，在文档格式标准领域 UOF、ODF 和微软的 OOXML 三足鼎立。但已成为国际标准的 ODF 正在和中国的 UOF 标准酝酿融合以完善国际标准。

到 8 月初，共创软件联盟的呼吁，得到国内开源软件界、基础软件厂商、国内软件企业的压倒性支持。共创软件联盟声明称，支持我国代表在国际标准组织中抵制以非正规手段将私有技术推成为国际标准。事实上，当我们先前面对唯一的办公软件时别无选择，不得不说 YES。然而现在，我们可以大声地对微软说：NO！这一句 NO，不仅仅代表了中国的技术在提高，也代表了中国的勇气和胆量。我们已经有了自己国家的开源标准，国际上也早有了认同的开源标准 ODF，那微软为什么还急于将自己的标准推出来呢？显而易见，那就是垄断。既然是开源标准，为什么 OOXML 不能在 Linux 上实现运行而只能在 Windows 上运行？

此次称为标准突围的共创联盟行动成功的制止了国际巨头微软试图利用快速路径实现文档垄断的目的。

（五）创 新 联 盟

随着国家集群创新战略的发展，2009 年，共创联盟围绕开源和基础软件产业，引导了开源及基础软件通用技术创新战略联盟（简称优盟）的建立，使得国产基础软件发展走向集团协作的时代。

优盟的核心任务是建立联盟标准。U-系列标准簇是由优盟提出的一组以字母 U 为开始命名的与开源及基础软件相关的标准规范的集合，其目的是为了支持重大应用向国产基础软件迁移和应用，包括 UNIX 类（Linux）操作系统标准、UOF（标文通）、UOML（非结构化操作标记语言）、UWeb（网页规范）、UMail（电子邮件）等。

优盟宗旨：

(1)宏观上，探索在政府宏观调控下，构建"自主、安全、可控、可靠"的软件产业，为我国的现代服务业以及信息化建设提供基本的软件技术支撑与保障；

(2)中观上，为国产软件提供一个自主创新的环境，有利于全面确定国产基础软件研究的技术路线，实现服务模式转型，探索开源环境下的新型商业模式，增强国内软件企业的核心竞争力和国际竞争力；

(3)微观上，通过统一技术标准，定义基础软件服务应用接口，开发公共开发工具集，建立基础软件和应用的网络化、工具化和服务化的技术创新支撑环境。

优盟愿景目标：

(1)国产基础软件能够在一些涉及国计民生的领域中获得大规模推广及应用，并且产生出若干个具有核心竞争力的领军型国产基础软件企业；

(2)制定 U-系列开源及基础软件标准簇，构建完整的标准化国产基础软件技术创新体系；

(3)成为关键领域开放源码软件的国内最权威、最开放的组织，凝聚广大开放源码软件贡献者，提供优秀开源平台；

(4)成为国内最可信赖的开放源码软件技术服务提供者，促进软件技术服务环境形成与发展；

(5)建立紧耦合的优盟运行管理机制，实现优盟成员的整体发展。

此后，随着国家"核高基"重大专项的逐步实施，国产基础软件的推动主体已经由科技驱动转变为产业驱动，共创软件联盟继续为国内开源软件事业发展尽心尽力。

难忘的 863 岁月

——863 智能计算机系统主题专家组工作纪念

刘　峰

自 2015 年 3 月 863-306 专家组决定编写回忆录，几个月来脑海中就不断回忆和梳理与 863 相关的点点滴滴，可以说是美好而深刻的记忆。从 1994 年结缘 863，到 1998 年有幸入选 306 主题第五届专家组，以及延续至今不断的 20 多年与 863 相关的战略规划和科研活动，仿佛历历在目。这段经历，不仅让我感到骄傲和自豪，也令我受益终身。863 所体现的国家创新意识和创新体制，不仅成为国家走向富强的利器，也已成为每一位参与者的精神财富，并将继续激励着人们在科技创新活动中持续不断地追求卓越。

（一）与 863 结缘

1994 年年初，为推广应用 863 技术成果——国产曙光小型计算机，在科技部高新司信息处巫英坚处长和邵正强副处长的直接推动下，863 计划开展了在铁路行业的技术攻关与应用推广工作。我作为铁路行业小型计算机应用技术负责人之一，有幸参与了有关工作，并由此与 863 结缘。

　　当时，原铁道部已在八十年代末引进消化和二次开发加拿大国铁编组站管理信息系统（YIS）并成功应用于当时处亚洲第一地位的郑州北编组站的基础上，于 1993 年开始建设"全国铁路运营管理信息系统（TMIS）"。YIS 系统具有多小型机系统、专用数据库和汇编语言等技术特征，并与控制系统实时联网，对计算机系统有较高的可靠性要求。按照铁道部的统一部署，1994 年启动开发完全自主的面向全国应用的"铁路编组站规范管理信息系统（SYIS）"。我参与了铁道部 YIS 引进消化和应用开发的全过程，并负责 SYIS 的科技攻关项目，其中任务之一是将应用系统移植到国产小型机。

　　在当时条件下，所涉及的小型计算机、数据库等系统是清一色的国外品牌，针对国产小型计算机上移植开发大型实时应用软件面临巨大的技术挑战。此时，我带领的北京交通大学研究团队已成功设计开发出基于多小型机和 Oracle 数据库的铁路编组站管理信息系统，并于 1995 年通过铁道部技术审查，进入全国试点推广应用阶段。同时，科技部也下达了由时任铁道部信息技术中心主任的张全寿教授主持、由北京交通大学和中科院计算所联合承担的 863 重点课题"智能化铁路运营管理信息系统研究与开发"，工作重点即通过铁路应用推动国家 863 成果曙光系列计算机的产业化应用进程。课题组在国产双小型机多级系统优化、计算机硬件工程化、应用软件适配等方面取得重要突破，并在铁道部的大力支持下，于 1997 年成功应用于地处齐齐哈尔的三间房编组站示范工程，为国产小型计算机产业化奠定了坚实基础（见图 1）。

　　在示范成功的基础上，1997 年曙光计算机通过国际竞标迈入铁路信息化建设领域，这是国产高性能计算机在国际性招标中首次战胜国外产品，打破国外产品高价位、独占市场的状态。此项成功，充分证明了两条策略的有效性：一是通过应用软件带动国产计算机硬件系统的"软硬结合"将会在与国外品牌的计算机硬件系统竞争中占优；二是 863 所确定的国产小型机的SUMA 特色（即可扩展性、可管理性和高可用性）将在用户支持方面获得竞争优势。在今天看来，此二策略不仅对国产计算机硬件的产业化依然有效，对国产软件的产业化同样具有借鉴价值。

图 1　1997 年 6 月 18 日，由铁道部承担的 863 重点课题"智能化铁路运营管理信息系统研究与开发"中期评审会在齐齐哈尔三间房编组站现场召开，由科技部、电子部等部门领导和 306 专家组成的评审组，对于国产计算机系统已成功应用于铁路核心业务系统给予高度评价

　　我清楚地记得 1997 年，李国杰院士来到北京交通大学铁道部 TMIS 开发基地，将曙光公司技术中心和人才培训中心的授权牌匾高高挂起的感人情形（见图 2）。当时，在他看到曙光牌匾与 Oracle 大学牌匾并列挂在楼门柱的同一水平线时，高兴地说在铁路行业看到了国产品牌的希望。此时此景，再好不过地诠释了李院士带领中科院计算所和曙光公司团队"人生能有几回搏"的雄心壮志，以及樊建平、隋雪青等一批青年才俊在

研究开发和应用国产计算机的市场竞争中顽强拼搏的内在动力。这也是当年整个 863 技术队伍努力奋斗的真实写照。

　　还记得，1994 年科技部高新司冀复生司长首次来北京交通大学视察铁道部 TMIS 开发基地的感人情形。那天不巧一早就下起了大雨，令大家惊讶的是，雨中迎接的科技部高级官员不是乘专车而是骑着自行车的冀司长。裤子被大雨淋湿，来不及寒暄，简单换装后便马上进入角色开始视察工作，在场人员无不为之动容。科技部领导朴素的工作作风、良好的职业素养，至今仍被大家津津乐道，这也成为科技人员敬佩的 863 官员形象。

图 2　1997 年 8 月 28 日，863 专家组成员李国杰院士将曙光公司技术服务中心和培训中心的授权书授予铁道部重大信息化工程"全国铁路运营管理信息系统（TMIS）"开发基地所在地北方交通大学，服务于国产计算机系统在铁路行业的应用推广

　　老一辈 863 科研开发、管理人员的表率作用，以及 863 科研项目的亲身参加，使我对国家高技术重大科研计划的参与和实施充满了激情。同时，我有幸从 1997 年开始参与智能计算机主题软件科学研究中的有关战略规划工作，从而对 863 的认识程度进一步提升。

(二)863 专家组工作

1998 年，在 306 主题专家组换届遴选中，我有幸入选由高文教授为组长的 306 第五届专家组。当年的专家组及管理团队充满活力，不仅有严谨的工作作风，更有 IT 精英特有的青春活力。1998 年 10 月新老专家组交接仪式研讨会上，老专家李国杰、李未等院士激情的演讲和对 863 组织工作的思考，刘积仁教授对国际合作的深邃见解及幽默的语言，以及新成员充满激情的演讲场景令人难忘。新老交替的交流，不仅是大家对 863 计划规划实施的思考和经验交流，也是每个人个性的展示。我为能够进入这样优秀的团队感到自豪，也被每一位成员的优秀品质所打动。

按照分工，我主要负责重点行业应用示范项目。

围绕 306 主题"开发出一批有重大影响的智能应用系统和产品，在几个重要的应用领域取得效益，为我国信息产业的发展提供技术源头"的发展目标，编写了"863-306 主题重点行业应用示范项目战略规划"（306 专家组《智能机动态》总第 136 期，2000 年 5 月）。

该规划力求体现 863 一贯坚持的"需求牵引，技术推动"的原则，将有迫切社会需求和市场前景的行业信息化示范系统为重点，以突破关键技术为核心，提高综合效益为目标。重点行业应用示范项目目标为："结合国家信息化建设工程，以应用开发为龙头，为 863 技术队伍提供工程实践和应用集成环境。通过典型示范工程，提高相关行业信息化技术的国产技术含量和信息安全程度，并缩短与国外先进技术的差距"。按此规划，评比筛选了十多项行业重大应用，涉及电信、广电、文化、气象、水利、民航、铁路、石化等，大多为当时国民经济信息化建设的重点领域。

需求牵引方面，强调以行业业务核心应用需求来牵动技术开发和产品集成，技术标准为附带技术产出成果，实现由点到面的技术扩散。技术推动方面，突出了提升行业信息化水平的具有开拓和引导作用的关键技术攻关，并有机融合应用推广国产计算机、分布计算软件平台、智能接口、中文环境和P3C等863重大成果。

在组织创新上，强调应用部门与研究开发单位的无缝配合，注重用户的早期介入和共同开发，以保证项目的成功。通过集中和公开项目评比，促进不同行业的技术交流，促进技术的扩散。大规模组织了三次公开评比和技术交流，不仅在保障课题监督管理方面起到明显效果，同时也促进了跨行业的合作，如中国数字图书馆和高性能计算环境与广电的合作（见图3～图5），软件中间件对多个行业的扩散等。

图3　1999年11月，306专家组与广电总局网络中心签订合作协议，将全国广电传输网服务于863高性能计算中心的建设，构建分布全国的宽带网格服务环境以支撑863重大示范应用

由中国数据局主持的"基于 STARBUS 的中国公用数据服务网"、国家广电总局主持的"国家有线电视广播电视运营管理系统"、中信集团组织的"大中型企业综合应用平台"、文化部组织的"中国数字图书馆示范工程"等，完成了从示范到应用推广的工程，并形成若干行业技术标准及国家标准建议草案，为行业信息化的技术水平提升和工程建设的规范化奠定了良好的基础。

图 4 863 中国数字图书馆发展战略组，组织跨行业合作，推动由文化部牵头的中国数字图书馆建设，并于 2001 年 3 月在中央党校示范应用成功，得到党和国家领导人的高度评价

令人印象较为深刻的是针对数字图书馆工程的跨行业协同会战。306 主题成立中国数字图书馆发展战略组，专门研究由文化部牵头建设的中国数字图书馆工程中的技术、管理、运营、法律等问题，同时设立重大课题组织科研团队在元数据标准、海量信息处理与互联网服务技术等进行技术攻关和示范应用。中国数字图书馆工程筹备领导小组组长、中国图书馆协会

会长、文化部徐文伯副部长担任战略组组长，306 专家组组长高文教授担任常任副组长，我作为责任专家主要负责日常的组织工作，科技部尉迟坚作为项目主管负责协调各部门的组织工作。诸多大学与中国科学院、中国航天、广电部等多部门联合会战，为推动我国数字图书馆工程的建设做出了贡献。该课题成果被科技部作为重点成果推荐参加了西部行动计划、中欧论坛、863 十五周年成就展等。同时，由专家组组织编写的汇集 863 数十个科研成果的数字图书馆学术专著，成为该领域的代表作。

863 通过应用激发原始创新和集成创新，并进而推动 IT 产业发展，在今天看来，仍有一定的现实意义。

图 5　2001 年 3 月，863 数字图书馆示范系统被选入科技部 863 十五周年成就展

（三）感悟与感恩

在 20 世纪 90 年代国际互联网大发展时期，参与和见证了中国计算机产业的成长和发展，并在行业应用的需求牵引驱动

下，为863计划的实施做了点滴有意义的事情，让人感到充实。在自己近30年的铁路信息化科研和教学中，以及近十年来在推广应用863成果、参与高速铁路建设以及铁路信息技术的人才培养中（见图6），无不受到863创新精神的影响和激励。

图6　2004年，306专家组在北京交通大学举办863软件专业孵化器技术培训班，推广应用国产软件，来自十余个应用单位技术人员参加了成果应用培训

同时，亲历国产高性能计算机、国产软件等的成长过程（见图7），看到今天的"曙光"、"天河"等国产高性能计算机在国民经济中发挥重要作用，并已成长进入国际先进行列，心中无比喜悦。与当年专家组成员成为一生的挚友或学术事业的合作伙伴，真可以说是人生幸事。

能够亲身参与国家战略性科研计划的制订和实施，并把个人的事业和国家的战略目标相结合，的确会对个人的发展、价值观的形成产生积极深刻的影响。真诚地感谢国家给了我参与863工作和成长的机会，也感谢专家组、科技部、课题组每一位成员给予的帮助和关怀！衷心祝愿我国的信息技术持续健康地发展，早日达到世界领先地位。

图 7 2013 年 12 月,曙光一号 20 周年纪念活动,与当年的科技部官员、863 专家组和课题组成员一起,共同享受 863 成果带来的成功和喜悦

往 事 四 则

杨士强

(一)难忘初入专家组

我是 1997 年 2 月 19 日接到要加入 306 专家组工作电话通知的。时隔接近 20 年还能够记得这么清楚，是因为那一天和一个特殊的重要事件联系在一起，使我记忆犹新。

那一天，我正在辽宁老家陪父母过年。春节刚刚过去不久，新闻联播中播送了邓小平同志去世的消息。这位 93 岁的历史伟人、改革开放的总设计师，没有等到他自己所盼望的香港回归那一天，就永远离开了我们。

就是在同一天，我接到了我系老系主任、863-306 专家组副组长王鼎兴老师的电话，通知我开学回校后参加 863 专家组的活动。王老师简单介绍了一下情况，专家组为适应国内外技术发展的需求拟开展算通一体机(P3C)的研究，需要更多的中青年教师参与战略研讨、协助起草项目指南等工作，系里决定派我以专家助理的身份参与其中。此事对于我确实是一个非常重要的好消息，能够参加 863 专家组的工作，与全国最重要的计算机专家们一起工作，参与国家高科技计划的规划与管理，是我最好的学习和提高机会。当时我在系里除了从事多媒体技术的教学研究工作之外，还兼任主管学生工作的党委副书记，是一个典型的双肩挑教师，此时能够进入专家组，和全国的顶级专家一起共事，应该是我职业生涯转型的好时机。于是第二天我便打点行装回到北京。

记得很清楚，回到清华后，我代表系里组织学生们，在301医院门外长安街延长线靠近五棵松的路边上，参加了为小平同志送灵的活动。来北京40多年，我到长安街、天安门曾先后三次为伟人送行，1976年1月8日去世的周恩来、1976年9月9日去世的毛泽东和1997年2月19日去世的邓小平。每次为伟人送行，都是一次心灵的洗礼和境界的升华，他们的精神，他们的人格，他们的风范，值得我们学习一辈子，敬仰一辈子。所以，此事虽然过去将近20年，至今记忆犹新，而且终生难忘。

几天后，在中科院计算所"曙光小楼"的会议室，第一次参加了专家组的工作会，和我同期进入专家组的还有北航怀进鹏同志和国防科大王怀民同志两位青年专家。从此开始了我在专家组为期三年的助理工作。

九七春节在关外，小平去世难忘怀，
老系主任来电话，急招回京重任派，
新老交替八六三，算通一体方向开，
告别家乡即回京，送别小平四环外，
曙光小楼新报到，专家组会此处开。

（二）"黄埔军校"出精英

当时参加专家组的活动，除了经常围绕课题立项、学科前沿研讨和技术动态分析进行讨论之外，在各种会议上，大家经常提到的一个重要话题就是关于人才在高技术发展中的作用问题。

"863计划不仅应该抓前沿技术研发，也要抓技术研发的领军人才培养，把人才培训班办成计算机界的黄埔军校"，这是专家组组长高文教授对人才班的定位。正是基于这样的认识，专家组决定把人才培养作为一项重要工作。

经过讨论，拟定每年暑期举办为期 2～3 周的高级人才培训班。培训班面向全国承担863课题的单位招生，经过专家组筛选，每期录取 50～70 人。从1997年到2001年，前后举办了 5 期，共有接近400人参加学习。表1是5期培训班的情况。

表 1　5 期培训班基本情况

序号	时间	主题	学员人数	地点
第一期	1997.5.26～6.14	人工智能与先进计算机结构	59	北京航空航天大学
第二期	1998.7.20～8.5	电子商务	50	东北大学
第三期	1999.8.2～8.15	数字化技术	70	清华大学
第四期	2000.7.31～8.14	软件质量与软件新技术	72	南京大学
第五期	2001.8.6～8.18	计算机网络与系统安全	134	中国科学院研究生院

对于306专家组开展领军人才培养的举措，科技部领导们非常重视。其中第三期培训班专门到科技部大楼多功能厅举行了开学典礼，朱丽兰部长、冀复生司长等亲自到会讲话。朱丽兰部长提出要把我们的科学家培养成"公民科学家、战略科学家、复合科学家和杰出的管理人才"的目标；专家组老专家汪成为院士、李未院士、李国杰院士都多次到会报告。学员们普遍反映，他们的报告内容既有深度、又有广度，是受益最大的。从第一期培训班开始，几乎每一期开班第一课都是汪成为院士的报告，成了学员们的入门必修课。聆听汪老师的报告，学员们看到了老一辈专家们如何纵览国内外技术发展的趋势，结合

中国国情，定位科研选题。李未院士和李国杰院士的报告结合了他们在国内外学习和工作的切身体会，为青年知识分子成长树立了榜样。

信息技术的发展日新月异，新理论、新技术、新方法层出不穷，培训班的选题非常重要。专家组都会在内部广泛征求意见、集思广益，选择适合技术发展趋势，同时又与306主题的研究课题紧密相关的方向作为培训班的主题。

第一期人才班的主题是"人工智能与先进计算机结构"。与后面各期不同的是，这一期主题涉及范围最广，时间也最长。为期三周的课程，涵盖了高等计算机体系结构、人工智能基础、多媒体与虚拟现实等计算机专业的前沿核心课程。这一期的主办地点安排在北航，并且由怀进鹏亲自担任班主任。从第二年开始，专家组明确了此项工作由谭铁牛和我共同负责。后面几期的选题和主讲教师邀请，我都参与很多建议。特别是在清华举办的第三期"数字化技术"（见图 1），我参与了主题策划和邀请专家的工作，其中从美国邀请的陈钦智教授，当时是专家组紧密跟踪的美国总统信息科学顾问委员会（PITAC）中唯一的亚裔成员，偶然的机会，我从我校国际处一位老教师那里了解到陈教授和清华有很深的渊源，并且她在领导推动全球数字图书馆的研究，于是把她请来作为首选的专家。那时数字图书馆研究在国内刚刚兴起，她的介入推动了国内研究以及后来百万册数字图书项目的建设。此外，微软研究院张亚勤、张宏江博士、北方工业大学齐东旭教授等也都到培训班授课。

从1997年算起，将近20年过去了。当年风华正茂、初出茅庐的青年才俊，而今都已过不惑之年，成为全国各地、各个领域的领军人物。应该说当年制定的"计算机界黄埔军校"的目标已经实现。后来进行的跟踪调查表明，大家对培训班的工作给予了充分肯定，他们反映，"培训班对后来的工作有重要的引领与指导作用"，"对本人研究方向的确立、研究方法及计算机前沿知识的掌握有深远的影响，同时也深受培训班教师的敬业精神和爱国精神所鼓舞"。学员们能够有这样的认识和评价，正是对 863 人才培养工作最好的总结！

图 1　第三期培训班现场，左三为陈钦智

计算机界创黄埔，军校模式育英才，
前沿选题集广益，学术大腕齐登台，
精选学员严把关，五期总数近四百，
师生反馈口碑好，领军人物尽出彩！

（三）MPEG 当"政委"

多媒体与人机接口技术，是 306 专家组的一个重要研究方向，其中参与多媒体数据压缩国际标准 MPEG 的制定，对于提高我国高技术在国际舞台的竞争力，带动国内相关产业发展具有重要的战略意义。专家组组长高文教授看到这个学术方向的重要性，从九十年代中后期就开始代表全国信息技术标准化技术委员会（简称信标委）介入 MPEG 标准制定工作。

到 1999 年，国内从事此项研究工作的多家单位开始实质性地介入 MPEG 标准的制定，于是在当年 7 月，306 专家组出面并得到国家信标委的支持，组成了一个以高文为团长的 7 人中国代表团到温哥华参加第 48 次 MPEG 工作会议。由于我从开始就一直参与相关工作，于是就得了一个"政委"的称呼。

关于"政委"这个称呼，是由 MPEG 组织中的老专家孙惠方老师叫起来的，这其中还有一段很长的故事：成立于 1988年的 MPEG（运动图像专家组）是国际标准化组织里的一个工作组，这个组织中活跃着一批很有影响力的海外华人专家，其中美国三菱研究院前任副总裁孙惠方博士是最早进入这个组织的华人科学家，也是至今一直活跃在其中的杰出代表人物。此外还有微软研究院前院长张亚勤，国家千人计划教授、中国科技大学信息学院前院长李卫平，美国 Broadcom 公司副总裁陈学敏，以及清华大学"百人计划"引进、现在计算机系任教的温江涛等。

孙惠方老师 60 年代末期毕业于哈军工，是改革开放以后最早一批出国留学的学者，在加拿大渥太华大学获博士学位后在美国大学任教，1990 年前后数字电视开始兴起的时候，他到 Sarnoff 公司参与了美国数字电视标准的制定，并参与 MPEG 国际标准制定。他对于国内相关领域的研究进展非常关注，经常来国内访问交流，推动国内数字电视和多媒体技术研究。当 1999 年在温哥华会议上知道国内来了 7 人代表团的时候，他格外高兴，奔走于会场内外为我们提供帮助，会下他和李卫平教授等还组织海外同胞和我们一起聚餐交流。孙老师出面一招呼，一下子就聚集了来自世界各地参会的十几位同胞，加上我们 7 人，把当地一个小小的中餐馆挤得满满当当（见图 2）。

图 2　MPEG 温哥华会议聚会，左起依次为李卫平、高文、孙惠方、杨士强等

1999 年是我们第一次参加国际标准会议，完全没有经验，而国际标准工作会讨论技术标准与学术会议发表论文完全是两码事！我们在根本不熟悉工作流程的情况下，在"游泳中学会游泳"难免会喝几口水。那一年，我们清华大学带去了一项优化运动估计的技术提案，计划由博士生祁卫宣读，但是错过了小组会的讨论环节。孙惠方老师在视频组大会上向主席反映情况，为我们争取到了视频组大会发言的机会，后来又经过几次会议论证，最终该技术方案被采纳（文档号 N4057），成为国内第一个进入 MPEG 标准的技术方案。此事还写进了 863 成果汇编。

也就是在这次会议上，高文教授向大会主席提议到中国主办一次 MPEG 会议，以推动国内的研究，此事立即得到海外专家们的积极响应，孙老师和李卫平老师还号召海外专家们尽量

都要回国参会，并在会后举办一个技术论坛。于是就有了 2000
年 7 月在北京香格里拉饭店召开的第 53 次 MPEG 会议和在清
华大学举办的多媒体通信技术与标准论坛（见图 3）。

图 3　多媒体通信技术与标准论坛，右二为孙惠方

　　北京召开的第 53 次 MPEG 工作会，是信息领域的国际标
准化组织第一次在中国召开工作会议。科技部、信产部、国标
委的领导都到会祝贺。从那次会议以后，MPEG 组织看到了中
国政府的重视和相关技术对中国工业界的影响，以后几乎每隔
一两年都要来中国开会，成了除瑞士日内瓦之外主办会议最多
的国家（MPEG 定期要到 ISO 和 ITU 总部所在地日内瓦开会）。
当然，这也从一个侧面反映了我国国家地位的提高和综合国力
的增强，也是改革开放进程加快的一个缩影。

　　2002 年召开的香山会议和其后成立的 AVS，是我国多媒体
压缩技术标准的里程碑。2002 年 3 月 18 日，主题为"宽带网
络与安全流媒体技术中的重要科学问题"的第 178 期香山科学

会议召开，高文、孙惠方担任执行主席，李卫平、陈学敏等一批海外专家专程回国报告，拉开了制定中国音视频编码技术标准（AVS）的大幕。从此，国内同行们除了参与国际标准 MPEG 之外，也同时参加 AVS 标准的工作。AVS 也采用 MPEG 类似的组织形式，每个季度举行一次工作会，所制定的标准已经应用到高清电视等领域，并成为 IEEE 国际标准，特别是面向视频监控应用的编码标准，已经明显领先于 MPEG 国际标准。国内一批批学者在此辛勤耕耘，其中有清华大学何芸、浙江大学虞露、中国科技大学吴枫、中科院陈熙霖和卢汉清、武汉大学胡瑞敏等；北京大学黄铁军成长为 MPEG 中国代表团团长和 AVS 负责人，是该领域新一代领军人物；高文教授由于在该领域的突出贡献当选了中国工程院院士。

现在 AVS 每年 3 次工作会，孙惠方老师仍然经常回国参会，每当老友相聚、总结成绩、回忆往事的时候，首先提到的是高文院士对开拓该领域的奠基作用和国内外学术界的引领作用，同时提到的就是孙老师近 20 年来帮助国内发展的贡献和他的为人。2015 年 12 月 19 日，AVS 第 55 次会议结束以后，我又约老朋友们到清华大学小聚，席间孙老师又提到"高老师为团长、杨老师为政委"的中国代表团往事。我说，这个"政委"的称呼，是孙老师给我的定位，也是最先叫出来的，我受之有愧。孙老师才称得上真正的政委：他性情乐观豁达，待人真诚热情，帮人不求回报，助人全心全意；他虽长期侨居海外，但一直保持我军官兵特有的优良传统和作风，这些都是政委应有的基本素质。他不仅共同发起组织了 AVS，而且长期坚持、不辞劳苦亲临国内参会指导，迄今为止的 55 次 AVS 工作会议他出席了 40 多次；他为我们出谋划策、把握方向，是发展中国多媒体技术标准名副其实的"高参军师"。此话得到了所有在场人的高度认可。

说到我这个政委，前期协助高文团长为 MPEG 和 AVS 做过一些工作，而且还担任过 AVS 系统组组长。2003 年我在校内当选了清华大学计算机系党委书记，校内的政委比校外的政委责任更重，因此 AVS 和 MPEG 工作的参与就少了很多，也实在有愧政委这个称呼。

学科前沿多媒体，数据压缩是关键，

图像视频媒体流，技术标准需领先，

团长高文举大旗，七人九九代表团，

我军体制有政委，军师高参幕后站，

每逢相聚话成就，众口交赞孙高参，

甘当人梯勤奉献，德高望重树典范。

（四）"你们先撤，我掩护"

"你们先撤，我掩护！"，这是一句红色经典电影里面的常见台词，用来描述在最关键的时刻，把生存的希望留给他人，自己留下来断后。作为生在红旗下、长在红旗下的 50 后，这种先人后己的观念在我们这一代身上有太多的烙印，尤其是我这个老八路的后代，更是把这种价值观融化在血液中，落实在行动上，在日常生活中表现得淋漓尽致。

那时，专家组在紧张的工作之余，晚上休息下来，免不了玩两把"拖拉机"之类的娱乐活动。我不太喜欢打牌，但是总被拉进来凑数，牌技虽臭，但往往手气还不错，偶尔也有抓到"俩王四个二"的时候。然而我出牌的技术实在太差，不懂得"看住对手、照顾对家、自己先逃”的基本规则，最糟糕的是我不记牌，对手和伙伴手里的实力根本就猜不出，伙伴的提示暗语又听不懂，很难打出漂亮的配合战。当摸到一手好牌的时候，自顾自一路冲杀、不照顾伙伴，领先自逃，又违背我的处事原则，于是经常是到最后，伙伴被掩护了，对手也逃了，我手里一把好牌也废了！于是专家组秘书谢萦同志送了我一个非常恰当的比喻："杨老师是来掩护同志们的！"

从牌风知人品。"掩护同志们先撤"特别形象地勾画了我的为人和性格特点。先人后己，先公后私；待遇面前不伸手，荣誉面前不张口，这种六十年代初学雷锋时期形成的价值观、计划经济时代的思维定式根深蒂固，显然不适应市场经济的竞争态势，更不是国家和社会对 863 专家们的定位和社会期望。

与人无争思维定式的结果，就是被竞争所淘汰，在社会变革大潮中落伍。 2000 年前后专家组换届时，和我同期进入专家组同为助理、年轻有为的怀进鹏、王怀民通过遴选进入专家行列，而我仍然只能在原来位子上踏步。汪成为老师曾经一针见血地批评我"胆子不够大，不敢往前冲"。在掩护同志们的过程中"落伍"是很自然的了。

如今看 306 专家组，两院院士层出不穷，"候补院士"比肩争先，执中国计算机学术界牛耳者均出于此。对于大家的进步，我为他们取得的成绩高兴，为他们积极进取的精神鼓掌，为中国计算机界有这样一批肯于奉献、勇于争先的专家们而自豪！同时，我也为自己这些年的成长历程而宽慰：当我步入中年的时候，能够有幸进入 863 专家组这样一个充满活力的群体，与大家一起共事，从他们身上学到了太多太多。我虽然没有太大进步，但是我掩护的同志们进步了，我为他们的进步而高兴，为我的成功掩护而自慰和自豪。世界需要有掩护的人！正是有了我们这些掩护同志们的人，社会才和谐，世界才平衡。

往事回忆四小件，历历在目似眼前，

时光荏苒二十载，情深谊长叙当年。

华发染霜壮心在，开心乐观本色还，

你们先撤我掩护，大家快跑我追赶！

在 863 的那七年

李明树

我于 1998 年经遴选成为国家 863 计划专家，前后共七年时间，历任智能计算机系统主题专家组组长助理，计算机软硬件技术主题专家组副组长、成员，信息技术领域专家委员会成员。

我在那七年里可以说为国家 863 计划做了一点贡献，还曾被评为"国家 863 计划十五周年先进个人"，当然自己收获的更多，也是我本人成熟、成长最快的一段时间。当时领域专家委、主题专家组的专家本来就有不少业界翘楚，那时比较年轻的现在也多成为了大牌专家。能够与他们同事多年，有很多还是朝夕相处，实在是人生一大幸事。

现任专家组组长梅宏院士今年年初提出历届专家一起撰文回顾国家 863 计划计算机主题 30 年历程的倡议，得到大家的热烈响应。我最熟悉的就是我自己直接参与的那七年，具体的又主要是以下这两项工作。

(一)电 脑 农 业

计算机主题发挥人工智能与智能软件方面的技术优势，1990 年把农业专家系统等农业信息技术列入了重点课题，1996 年又进一步在北京、云南、安徽、吉林等省市建立了智能化农业信息技术应用示范工程示范区，开展了以专家系统为核心的智能化农业信息技术的应用示范，取得显著的经济效益和社会效益，也被农民亲切地称为"电脑农业"。

我 1998 年 5 月进入计算机主题以后，开始担任电脑农业责任专家。在时任 306 主题专家组组长高文院士，成员、办公室主任钱跃良研究员以及上届责任专家吴泉源教授等的大力支持下，很快熟悉了工作。

为贯彻党的十五届三中全会要求依靠生物工程、信息技术等高新技术，使我国农业科技和生产力实现质的飞跃的精神，科技部联合有关部委于 1998 年 12 月召开了"农业信息化科技工作会议"，向计算机主题支持的北京、吉林、安徽、云南等四个智能化农业信息技术应用推广示范区授牌。会后以科技部的名义颁布了《国家科技部关于农业信息化工作的若干意见》、《863 计划智能化农业信息技术应用示范工程实施办法》两个文件。306 主题在此基础上建立了《国家 863 计划智能化农业信息技术应用示范工程实施细则》，1999 年 5 月还成立了赵春江研究员任组长的"国家 863 计划智能化农业信息技术应用示范工程技术总体组"。

后面 5 年多的时间我的很多精力都投入在电脑农业方面。306 主题专家组换届以后的 11 主题专家组组长怀进鹏院士、副组长钱德沛教授等也非常支持电脑农业，投入的经费在整个计算机主题中占相当比例。因此也逐步扩大了技术研发、规模推广和应用示范范围。期间我与科技部尉迟坚处长、专家组办公室主任褚诚缘等更是跑遍了全国几乎所有的示范区和典型的示范点。

电脑农业的两个巅峰标志，一个是 2001 年在北京展览馆举办的国家 863 计划十五周年成就展入口题图，是时任总书记江泽民同志视察电脑农业黑龙江示范区的照片；另一个则是电脑农业项目获得 2003 年世界信息峰会大奖（World Summit Award，WSA）。包括《人民日报》、《光明日报》、《科技日报》等国内主流媒体均有报道：

项目按农业专家系统平台开发、关键技术研究、应用示范区建设和研发中心建设四个层次组织实施，经历了研究探索（1990—1996）、试验示范（1996—1998）和应用推广（1998—2003）三个历史阶段，科技部累计投入资金近亿元、各级地方政府和农业企业投入资金近 8 亿元。开发了 5 个 863 品牌农业专家系统开发平台，在此基础上，各地经过二次开发，建立了包括大田作物管理、设施园艺栽培、畜禽养殖、水产养殖等方面的 200 多个本地化、农民可直接使用的农业专家系统，包括 10 万多条知识规则的知识库、3000 多万个数据的数据库、600 多个区域性的知识模型。

项目在北京、云南、安徽、吉林、黑龙江、天津、甘肃、山东、重庆、新疆、辽宁、山西、陕西、河北、河南、四川、湖南、广西、贵州、海南、内蒙古、宁夏等 22 个省市建立了 23 个应用示范区，建立了完善的国家、省、市、县、乡五级组织管理体系和应用推广体系。22 位主管农业或科技的省长、100 多位地方政府官员和农村科技管理人员，200 多位高级专家、近万名农技人员参与了示范区建设和农业专家系统的应用推广，覆盖全国 800 多个县，累计示范面积 5000 多万亩，发放技术资料 1200 万份，各种农民技术培训 5000 多万人次，增加产量 24.8 亿公斤，新增产值 22 亿元，节约成本 6 亿元，增收节支总额 28 亿元，700 多万农户受益。

时隔十几年，回头再总结一下电脑农业，有点酸甜苦辣咸的感觉。似乎可以套用一段笑话中的秘书"万能稿"：取得的成绩归功于第一是领导重视，第二是特色突出，第三是基础扎实；出现问题的原因第一是领导还不够重视，第二是特色还不够突出，第三是基础还不够扎实；下一步努力的方向第一是领导进一步重视，第二是特色进一步突出，第三是基础进一步扎实……

上述无奈之下最大的感触是我一直担心电脑农业不可持续，即一旦国家投入（包括经费支持、政策导向）停止，相关的技术、应用以及人员是否还可以健康发展。所以在我任职后期，总是到处宣传"狼来了"。可惜后面电脑农业真的就慢慢萧条了。

（二）软 件 专 项

软件一直备受各方关注，但也始终是发展的"软肋"。

我在 11 主题专家组期间除电脑农业责任专家以外的主要工作就是协调软件和应用方向，其中花费精力最多的还是作为召集人和执笔人，起草了"十五"863 软件重大专项"中国网络软件核心平台"项目建议书。

软件专项立项过程可以说一波三折。先是由 11 主题专家组代管，后面又单独成立专项。中间与机关等各个方面的沟通也不是十分顺畅。我即便作为当事人，也是一言难尽。

这几天翻出了 2002 年 3 月我对软件专项在组织形式和管理机制方面的实施要点建议：

成立总体专家组。由 7～9 人组成，要求全部专职（是工作组，而非咨询组），工作至"十五"末。总体组成员原则上要求有高级技术职称或获得博士学位后工作 1 年以上；要服从 863

工作的需要，具有公正、无私、献身、创新和团结协作精神；对 863 计划有关发展战略和部署有较深的理解，有较深的软件专门知识，有较丰富的实际工作经验，有较强的组织管理能力，参与组织过重要的软件项目/工程。根据工作需要，可按专项工作内容设立若干二级总体组。

建设一个全国性 863 软件技术创新体系。设立一个国家 863 计划软件研究与发展中心，以下简称总体中心，负责专项的总包与集成、任务规划与协调、成果测试与验收等。分期、分批依托有条件的单位，建设一批分中心（分任务分解或承担具体项目的实施）。并根据项目需要，选择建立相应的集成中心、评测中心，以及代表科技部的专项监理组，从而形成一个全国性 863 软件技术创新体系，希望能调动全国20%以上的软件工程师（即不少于 3～4 万人）直接参与重大专项工作。学习"两弹一星"精神，建设一个覆盖全国、调动方方面面积极性、协同工作的大环境，努力发扬社会主义能够集中力量办大事和市场经济大浪淘沙、滚动发展的双重优势。

形成一条目标驱动、技术创新与成果转化链。通过体系的建设与实施，形成一条"科技部目标决策—总体组技术决策—创新体系项目实施—软件企业或用户单位应用"的目标驱动、技术创新与成果转化链。解决政府目标决策、专家技术决策与课题组项目实施对既定目标的贯彻、软件技术与产业互动、责任和利益相结合等几方面的问题。

按型号任务要求，分别建设行政指挥线、技术指挥线。改变原有的专家组发布指南和遴选课题承担单位、课题组申请和承担课题的纯粹技术指挥线模式，总体组成员要直接到负责总体中心和总体技术组，参加和加强行政指挥线，从组织上解决科技部/专家组的意图与项目实施之间的差异问题。由总体中心（业主单位）进行任务分解，体系内有关单位承担课题，实现经费集中使用、任务统一安排、成果紧密集成。

坚持开放和合作，加强软件技术成果的转化与使用。通过建立和完善技术创新与成果转化链，加强软件技术成果转化与使用工作，要求任务承担单位提供全部源码和技术文档到总体中心备案，按一定利益机制由全社会共享有关成果。特别是现阶段重点发挥研究院所、高等学校开展竞争前技术研究的实力和优势，促进产学研合作与协同，解决利益共享和优势互补机制，比如知识产权归研发单位，可以免费提供给企业使用，但企业如果需要提供技术服务，需支付服务费；或者由企业提供需求，并与 863 共同出资，委托研究院所、高等学校完成任务。

明确和鼓励总体组成员承担更多的管理责任。总体组是代表科技部负责 863 技术决策的机构，但目前除立项、检查和评估外，还没有建立起与执行机构（课题组）直接沟通协调的机制，结合 863 软件重大工程项目的明确需求，应进一步加大总体组成员的管理责任，也要考虑到相应的利益鼓励机制。

也是时隔十几年，回头看当时就存在的几个问题，比如是否能够突破"体制机制束缚"，是否善于"集中力量办大事"，是否敢于"啃硬骨头"等，即便到现在也没有彻底解决。这也留下了一些遗憾。

国家 863 计划历史上进行过几次改革，也正在进行最大的变革。改革或者变革的效果还需要经过历史的检验和评判。但是 863 计划特别是其中的计算机主题对中国计算机发展历史的影响则是确定无疑的，并且我坚信因为人与精神的传承还会继续发挥作用到很长、很长时间。

（三）后　记

　　我这篇回顾文章初稿提交以后，得到专家组同仁不少热心的反馈和悉心的指导。其中，李国杰院士专门写了一个邮件，非常感人，我原文誊录如下：

　　明树等诸位，

　　电脑农业（农业专家系统的推广）确实是 306 专家组做的一件大好事。专家组在云南推广果树和玉米专家系统，使得农业生产还近乎刀耕火种的当地农民受益良多。有一次朱丽兰主任去云南检查农业专家系统，当地农民自发地在村头排成数百人的队伍夹道欢迎，令朱主任大为感动。在 2000 年左右（记不准确了）召开的 APEC 大会上（在上海召开，江泽民出席，会议很隆重），因高层领导太多，只给朱主任 3 分钟（记不准确了，请知情人纠正）时间作报告介绍中国科技发展，朱主任只讲了一件事情说明科技对中国经济发展的影响，这件事就是她在云南被当地农民夹道欢迎的经过（我没有陪同朱主任到云南视察，此事是后来听朱主任说的），明树可以在文章中补充这件事。

"我与863"之琐事絮言

梅 宏

屈指算来，我与863有关联的日子几近25年，几乎涉及我目前人生旅程之一半！作为专家效力于863事业15年，也占了863计划实施30年的一半！可以说，863伴随见证了我的成长，我的成长更是离不开863！特别是在863专家组工作的日子里，能够和一批杰出的学者在一起，其中既有我的师长辈，也有我的同龄人，从他们身上，我受益无穷。这段经历，结交了一批志同道合的朋友，积累了我人生一笔宝贵的财富，也给了我效力国家科技事业的机会，为我国的计算机事业发展做出了自己应有的、也是无愧的贡献。

回首往昔，很多事还历历在目，当然，很多细节已经不清或失真了。此次动笔回忆，也只能是拾之点滴。更由于串之不易，只能是信马由缰，围绕琐事絮叨了。

（一）与863的结缘

2012年3月27日，在国家863计划"十二五"专家组成立大会上，我作为专家代表的发言中，有一段提到了我和863的缘分："回顾自己的成长，几乎每个阶段都留有863的印记。我的博士学位论文是863资助课题的重要构成成分，工作后曾参与和承担过 4 项 863 课题，'十五'进入主题专家组，'十一五'进入领域专家组，在战略研究、课题部署和管理方面又服务了 10 年有余，自己也就是在这样的过程中锻炼成长起来，从一位专注于具体领域的研究人员，成为能够兼顾战略和战术、广度和深度、研究和管理的学术带头人"。

我是 1989 年到上海交大跟随孙永强教授攻读博士学位，我的博士论文选题是函数式面向对象语言的研究，是孙老师承担的 863 课题的研究内容之一。1992 年我到北大跟随杨芙清院士从事博士后研究并于 1994 年出站留校工作，主要的任务是参与杨老师主持的国家科技攻关项目"青鸟工程"的研发，期间，作为技术负责人，也参与了杨老师承担的 2 项 863 课题的研究，分别是 1992 年启动的"面向对象的智能化软件原型生产技术及系统（863–306–02–03–3）"和 1994 启动的"基于复用的面向对象智能化软件生产技术（863–306–02–01–01）"两个课题。记得是在 1993 年的夏季，专家组来北大进行课题的中期检查，我代表课题组做了进展汇报，这是我第一次近距离接触 863 专家，现在回忆，只能想起当时到场的三人：李卫华、孙钟秀和钱跃良。这两个课题有一项重要的产出，就是奠定了"青鸟工程"新阶段——国家"九五"重点科技攻关项目"软件工程环境（青鸟 CASE）工业化生产技术及系统的研究开发"的基石，其核心就是对象化和构件化。1996 年，863 计划课题资助规则发生变化，对负责人年龄做了限制，我成为新一期课题"基于构件、构架复用的面向对象软件开发技术及其系统（863–306–02–05–01）"的第二负责人（第一负责人仍是杨芙清老师），这还是我电话请示时任组长高文后形成的一个安排。这个课题的一个重要产出是：软件构件技术成为我后来一直坚持的研究领域。1998 年，沿袭同样模式，我以共同课题负责人身份承担了课题"软件构件组装技术及工具研究(863–306-ZT02-02-2)"，同时还被专家组聘为重大项目监理(后因 1999 年初出国访问一年，并未能真正履行监理的职责)。

2000 年我回国后，下半年正值 863 课题验收的时段，受专家组办公室褚诚缘的安排，我比较多地参加了一系列课题验收活动，这也可以算是我从 863 "运动员"转向"裁判员"的一个实习期，也非常有幸，参与了 863–306 主题专家组的收尾工作。

2001 年 5 月 16 日，在京都信苑酒店，我参加了"十五"863 计划"计算机软硬件主题(11 主题)"专家组的竞聘答辩，并从此开始了长达 15 年的 863 专家生涯。其间，2002 年转聘为 11 主题管理专家，2004 年续聘为 11 主题专家；2006 年被聘为"十一五"863 计划信息技术领域专家，并被组长怀进鹏指定负责智能感知与先进计算专题的工作；2012 年被聘为"十二五"863 计划信息技术领域先进计算技术主题专家组召集人。

(二)几件值得记忆的工作

在 15 年的 863 专家经历中，我可能是负责的方向最多最杂的人之一了！"十五"期间，我先是中文接口专题的责任专家，做了 3 年"外行管理内行"工作。在初始阶段，是一个艰苦的学习过程，不过，这也极大地扩展了我的知识视野，并培养了我对中文信息处理领域的深厚感情。2004 年续聘后，又分工 CPU、服务器、NC 以及 863 软件专业孵化器。"十一五"期间，我作为智能感知与先进计算专题的牵头专家并担任了若干计算机软件相关项目的责任专家。"十二五"期间，主持先进计算技术主题专家组的工作，并受高新司委托承担了信息技术领域各主题专家组的协调工作，其中一项重要的工作是主持了信息技术领域面向"十三五"的战略研究。

现在回顾过去所做的一些工作，觉得还是有不少可圈点的东西，特别是在"十五"期间，诸如，在组织机制创新方面，强调共性集中的中文公共基础资源库建设，面向奥运、网络游戏等应用（平台）的课题群部署；在技术组织方面，专注方向战略的技术总体组（专题技术总体组、NC 技术总体组、863 专业孵化器总体组和网络游戏战略研究组等）建设，促进合作的技术联盟（中文数据联盟、863NC 技术联盟）组建，以及强调技术集成和整体性的中间件套件"四方国件"形成和发展；在课题管理方面，促进技术进步的第三方技术评测（中文处理与人机交互技术评测、NC 技术评测和服务器技术评测）等。限于篇幅和记忆，这里仅列举几个案例。

1. 中文公共基础资源库建设

中文接口专题一直是 306 的强项，特别是在中文处理方面我们一直处于国际领先地位，现在的上市公司汉王和科大讯飞早期都得到过 306 的大力支持。然而，本专题过去也存在一些问题，表现在方向散、课题小，进而导致工作中基础资源建设重复劳动多，标准不统一、无法共享的情况。"十五"伊始，通过组织本领域专家的战略研究，特别是听取前专家组成员钱跃良的建议，我们将中文接口基础资源建设列为本专题的一项重要任务，其目的是为了实现机制上的创新，避免重复、加强共享。具体做法是将基础资源建设内容和关键技术研发分离开来，将基础资源库建设作为专题的重点课题来支持，同时，积极探讨相应的共享机制。图 1 是我作为责任专家完成的第一个专题研究布局(其中就凸显了资源建设的基础性地位)。

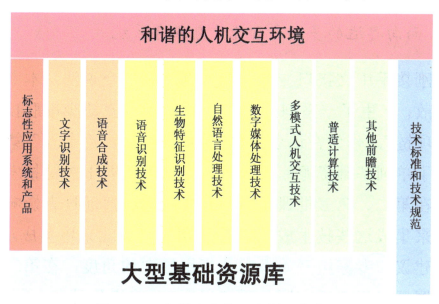

图 1　306 主题中文接口专题研究布局

应该说这项工作取得了预期的成效，在钱跃良带领下，建成了当时国际上规模最大的中文基础资源库，开设了 863 中文与接口基础资源库的专门网站(863data.org.cn)，制订了"863 计划中文与接口基础数据库共享管理办法"，形成了资源库共享机制，使基础资源库的管理、交流和共享逐步走向规范。并以此为基础，和国家 973 相关课题一起联合发起成立了基础资源库共享联盟 Chinese-LDC。

该基础资源库在国内同行中产生了重要影响，得到广泛使用，"十五"期间的 863 中文技术评测工作也大量采用了这些基础资源。同时，国际影响也在逐步增大。可惜的是，"十一五"的 863 工作未能继续这一模式，从而导致了中断。现在想来，当时的想法还是颇有前瞻性的，和当前热门的云计算和数据中心在目标和模式上具有实质相似性。虽然历史不能假设，但我还是想想象一下，如果这项工作能够坚持下来，863data.org.cn会是什么样？

2. 面向奥运的多语言智能信息服务系统

我刚接手中文接口专题，就一直听到一个说法，本专题课题小而散，产生了一系列技术"珍珠"，但一直缺少串联技术珍珠的"项链"。作为在课题布局上的机制创新，"十五"第一批课题除了单列基础资源库课题外，还部署了若干关键技术研究课题，在第二、第三批课题中则开始考虑如何通过有影响的应用平台来集成这些技术成果。恰好 2001 年，北京申奥成功，结合各方建议，专家组开始考虑从应用导向的角度，在第二批课题中设置了奥运多语言服务系统课题(由首信公司牵头)，一方面可以通过整合体现已有技术成果的影响力和重要性，另一方面促进技术研发的实用性。

这里我引用了当时的一份会议纪要：

2002 年 4 月 12 日，国家 863 高技术计划计算机软硬件技术主题专家组在北京主持召开了"面向奥运的多语种信息服务"研讨会。

会议的发起是源于如何通过科技的手段兑现北京申奥的口号"科技奥运"、"人文奥运"及将 2008 奥运会办成历史上最好的奥运会的承诺。专家组经过多次研究，认为：科学技术，特别是高技术是体现"人文奥运"的主要方式和途径之一，而具有我国自主知识产权的先进技术的应用才是"科技奥运"的精髓，为此，863 计划有责任为"科技奥运"提供有力的技术支撑，而计算机软硬件技术主题有责任为 IT 技术的应用提供自主的技术保障。基于过去 15 年本主题所取得的成果及"十五"863 本主题第一批课题部署情况，专家组认为将 863 在中文处理及智能接口方面的技术成果进行集成，为奥运会提供多语种的信息服务，将是一条可行的途径。这次研讨会的目的是为了充分认识该问题中的机遇和挑战、明确可为和不可为、统一思想和行动、探讨技术路线和组织模式，为专家组的技术决策和科技部的战略部署提供基本素材和依据。

该课题的目标是建成一个支持汉语、英语、日语、法语、西班牙语等主要语言的奥运领域的智能信息发布、查询和定制系统。该系统将在 2008 年奥运会期间提供多语言的语音和文本等多模式的接入，并且以智能人机交互的形式提供奥运信息服务，保证任何人在任何时间、任何地点、通过任何手段获取奥运相关信息。

该课题的设置在当时还是颇具轰动性的，引起了奥组委、科技部、北京市以及国内外同行的广泛关注。2004 年 5 月 21 日，本课题第一阶段取得的研究成果在第七届中国北京国际科技产业博览会首次亮相，同时，第二十九届奥林匹克运动会科学技术委员会、北京市科学技术委员会、国家 863 计划计算机软硬件主题专家组主办，首都信息发展股份有限公司承办了"奥运多语言智能信息服务国际论坛"（见图 2）。这次亮相，引起社会各界和媒体的高度重视和普遍关注，成为展会最具人气的专题之一（见图 3）。在展会上可以了解多语言智能信息服务在北京 2008 年奥运会期间的应用前景，亲身体验通过网站、信息亭和移动终端所能获得的顺乎自然、友好交互的多语言信息服务，使参观展览的北京市民兴奋不已。

图 2　时任北京市副市长林文漪在奥运多语言智能信息服务国际论坛上致辞

图 3　媒体报道多语言智能信息服务系统

3.　网络计算机

"十五" 863-11 主题的第二批课题开始结合专家组战略研究凝练的"六个一"目标进行部署，即通用 CPU 芯片设计（一芯）、软件中间件（一件）、中文信息处理平台（一台）、新型网络服务器（一器）、网络终端机（一机）、下一代网络综合实验平台（一网）。也就是在这样的战略指导下，启动了网络计算机（NC）的研发工作。

现在看来，网络计算已经成为常识和常态，但在新世纪初始，一方面在国际上，随着网络环境的改善和互联网应用的大量兴起，NC 出现了自其 1995 年被提出后的一次强势回归；另一方面在国内，发展 NC 被视为在现有资源情况下，尽快缩短和发达国家之间的核心技术和应用差距的一条可行途径，认为"NC 是两手托起电子政务应用和国内自主能力的 CPU 芯片和系统软件两头的关键环节设备。它承上启下，将为我国信息化进程和核心信息技术发展提供施展舞台"。

从课题执行情况看，应该说是达成了预期目标。基于多款 CPU（以国产 CPU 为主）开发了 NC 原型产品 7 款，定型产品 4 款。在 NC 操作系统、浏览器、流媒体播放、应用协议、人机接口、管理平台等方面突破了一批关键技术，在政务、企业、教育、农业等多个领域得到成功示范应用。特别地，863 支持的 NC 不仅为国产 CPU 提供了用武之地，也在国务院信息办等部门发起的"缩小数字鸿沟——西部行动"计划中，为发展西部信息化做出了突出贡献。为了更好地促进国内 NC 生态的形成，2003 年 8 月 6 日，专家组倡导成立了 863NC 技术联盟，由李国杰院士出任理事长，中科院计算所李锦涛研究员出任秘书长。联盟定位于在 NC 发展战略研究、技术发展规划、技术标准、技术服务、企业技术合作、国际合作与交流、第三方技术评测等方面开展工作。

在当今云计算、移动互联网的背景下，NC 已经泛化成了多种多样的网络终端。可以预见，随着物联网的广泛应用，各种传感终端也将会被归为广义的"网络终端"。从历史发展的进程来看，NC 无疑是网络计算模式的先行者，将 NC 模式视为云计算的"前身"并不为过。记住 863 在 NC 领域的努力，意义也在于此。

4. 网络游戏

2003 年,863 通过中文接口专题支持了两个网络游戏项目,一是金山软件承担的"网络游戏通用引擎研究及示范产品开发",另一是中科院自动化所承担的"智能化人机交互网络游戏示范应用",这在当时还是颇具争议、甚至引起了一些轰动的事。此事后来被解读为国家对网络游戏态度的一种转变,我为此还上过中央电视台 2 套节目,做了一期专访。

此事的缘起仍然是为了找一条串联 863 技术成果"珍珠"的"项链"。当时,网络游戏产业正在兴起,国内以盛大为代表的网络游戏的成功也激发了技术和市场投入的热情。国家相关管理部门的态度也正在转变阶段,正如在 2003 年 10 月 17 日由专家组主办的"863 网络游戏技术发展战略研讨会"上(见图 4),文化部市场司网络处刘强副处长在发言中提到,针对国内网络游戏,政府的政策已由"打压、限制"转变为"正视、开放";在指导思想上,国家有关部门已由"规范化管理"开始向"产业化管理"转变;文化部也正在研究面对国际市场,如何扶持国内网络游戏。他还提到,时任中央政治局常委李长春最近一段时间多次要求文化部要很好地研究和把握网络游戏。

专家组认为,网络游戏应该是一个非常好的计算技术的综合集成展示平台,为此,从调研和战略研究起步,开始探讨部署相关课题。其间,面临的比较大的争论就是如何应对社会对网游的负面评价。最终,专家组觉得,任何技术的进步及其应用都会存在正反两方面的影响,还是下决心从技术角度部署课题。不过,这也是 863 历史上仅有的两个课题名中含"网络游戏"的课题。在后期,就改为支持数字媒体基地建设了,虽然在某些基地里,网游仍然是重要内容之一。

图 4　863 网络游戏技术发展战略研讨会

5. 四方国件

2002 年，863-11 主题专家组确立了"六个一"的战略目标，其中"一件"指的是软件中间件，这项工作是由责任专家吕建负责。我这里仅从国际合作和我自己团队的视角，回忆一些当时的工作。

在前三期课题中，分别从 CORBA、J2EE 和 Web Service 三个技术体系进行了部署，其中，国防科大团队关注于 CORBA，北航团队着重于 Web Service，中科院软件所和北大团队针对 J2EE，二者又有所不同，软件所涉及 J2EE 加上消息中间件、ESB 等较全的体系，北大主攻构件化 J2EE 平台。2004 年，从交账的视角以及国际中间件的技术态势，吕建提出了构建中间件集成平台的思路，并于 2004 年 12 月 8 日，在北京西苑饭店主持展开了集成方案讨论会。在会上，吕建做了"863 中间件集成思考"的报告，会议形成了《863 集成方案建议稿》和《中国信息化基础软件平台工作计划》。随后，集成组在国防科大贾焰教授带领下进行了紧锣密鼓的工作，2005 年 1 月 16 日—1 月 31 日，在长沙软件园，相关单位完成了集成开发工作，集成形成的中间件套件被命名为"四方国件（Orientware）"（见图 5～图 7）。在集成总结会上，时任组长怀进鹏对集成工作做了高度评价，并用"聚四方，走四方"简述了四方国件的形成源头和未来任务。

图 5　四方国件 Logo

图 6　四方国件基础构成

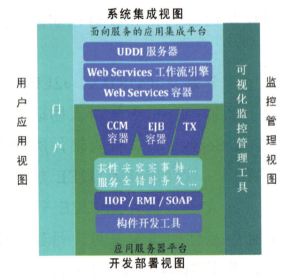

图 7　四方国件系统架构

　　这项工作的意义在于，以"四方国件"为代表，我国中间件研发机构和企业在技术上实现了由单项技术研究到完整技术体系的突破，形成了具有国际影响力的系列科研成果，在产业上实现了由独立应用系统到面向国家重大信息化工程和关键行业领域应用普及的突破，具有自主知识产权的产品占据国内市场份额 40%以上，在部分应用领域已超越国外产品。该工作建立了"产学研用"一体化产业生态链，合作构建了多层次的国产中间件标准体系，研制了中间件技术参考实现，形成了中间件技术发明专利池，建立了"技术专利化，专利标准化，标准产品化，产品产业化"的良性互动机制。该项成果作为 863 代表性成果入选了 2012 年出版的由科技部曹建林副部长主编的《这十年》（信息卷）。

在这项工作中，我除了积极支持责任专家吕建的工作外，还在国际合作方面做出了一定贡献。2004 年，专家组代表团访问法国，和法国科教部商谈合作，这次出访有两项主要任务，一是和意法半导体寻求 CPU 合作的机会，二是和欧盟探讨中间件合作的机会。我是中方中间件方面的代表。通过这次访问，我们基于"四方国件"套件，建立了与法国 ObjectWeb 的合作，合并成立了开源中间件组织 OW2，成为当时国际 4 大开源软件组织之一，通过开源软件形式在世界范围内推动中间件技术的发展。我所在北大团队研发的 J2EE 应用服务器 PKUAS 也和 ObjectWeb 主打的 JOnAS 进行了对等合并，成为 OW2 主推的 JO^{2}nAS，该系统在世界范围内得到了广泛下载和应用。

6. "确实"平台（Trustie）

"十一五"伊始，中间件的研发已转入到国家科技重大专项"核高基"中，在 863 计划信息技术领域，软件做什么成为专家组战略研究的一个重点。通过反复研讨，同行专家形成一个共识：软件技术正呈现网络化和高可信趋势，在开放环境中提供可信软件系统和可信运行保障高是一个重大挑战，以高生产率和高可信为目标的软件生产平台将是操作系统等运行平台之后的新的技术制高点。软件开发效率和质量一直是软件开发技术面临的挑战。进入互联网时代，软件开发活动与软件应用活动的循环演化得以高度协同的同时，软件系统的规模和复杂度的大幅增加使其质量越来越难以保证。软件开发技术呈现出软件开发协同化、软件资源共享化、软件质量可信化的新的发展趋势。基于这个判断，在时任科技部高新司信息处强小哲处长支持下，2007 年启动了"十一五"重点项目"高可信软件生产工具及集成环境"。该项目采用重大项目管理模式，成立了以王怀民为组长的总体组，项目课题分为两个批次部署。项目一期课题按"1+5"的格局部署，1 个核心课题负责项目的核心技术突破和基础环境建设，其他 5 个课题基于项目核心技术研制面向特定领域的软件生产线系统；二期课题按"4+4"的格局从 2009 年下半年开始部署，4 个面向大型软件企业工业化生产平台技术改造的课题，和 4 个面向国家关键部门大型信息化系统可信性提升的课题。

该项目最终的成果体现为"可信的国家软件资源共享与协同生产环境"（简称"确实"或"Trustie"）（见图 8），"确实"将基于群体智慧的大规模协作机理引入工业化可信软件技术体系和开发环境，建立了一个基于网络的以协同开发、资源共享、可信评估为核心的可信软件大规模协同生产技术体系，建立了一个面向大规模协作的软件资源共享与协同生产环境，建立了一系列基于该生产环境的可信软件大规模协作应用模式与支撑平台。该项成果也作为 863 代表性成果入选了 2012 年出版的由科技部曹建林副部长主编的《这十年》（信息卷）。

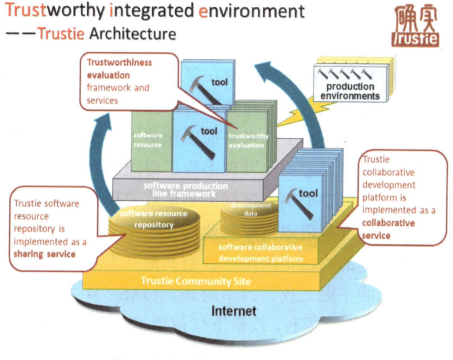

图 8 确实平台（Trustie）架构示意

（三）一些可以回味的轶事

15 年的 863 专家经历，特别是在"十五"期间，也留下了一大堆故事。很多发生在专家组的故事，实际上也是朋友间共同经历和深厚友谊的见证。兹列一些我亲历之事，供大家共同回味。

1. 黑龙江历险

2003 年 8 月，应责任专家李明树邀请，我第一次参加了在黑龙江佳木斯举行的 863 "电脑农业" 交流会（国家 863 计划智能化农业信息技术研讨及现场经验交流会）。应该说，感受极其深刻，计算机技术应用于农业生产所受到的欢迎和产生的效果完全出乎我预期。这也构成了我在后来一直对此项工作愿意大力支持的思想源头。不过，这里主要还是想提一下会后的历险经历。会议结束的当天晚上，我们就连夜乘车赴牡丹江，拟第二天在当地实地考察。一行两辆车，尉迟坚、钱跃良和谢萦在第一辆车，我和李明树、吴泉源在第二辆车。由于着急赶路，牡丹江科技局过来的同志因路熟而有些托大，车行过快，第一辆车冲到了路旁低于路面 1 米多的庄稼地里。我们所在的第二辆车开出一段路程后才突然发现丢失了跟随的目标，赶紧联系钱跃良，才得知出了车祸。赶回出事地点发现，钱跃良和司机均只是轻微擦伤，但尉迟坚和谢萦均受伤不能自己移动。当晚二人被送到就近的鸡西市医治，我们其他几人在鸡西的医院度过了一个难忘的不眠之夜。万幸的是，伤势不算太重，后来回北京治疗、恢复也很顺利，没留下任何后遗症。这大概也是 863 电脑农业对黑龙江贡献所获得的回报！

2. 出访俄罗斯

2004 年 8 月，由主题专家组和软件专项专家组联合组成的代表团访问俄罗斯和白俄罗斯。在我记忆中，可能这是唯一的一次两个专家组联合组团出访。代表团由信息处尉迟坚带队，成员有钱德沛、梅宏、李明树、王怀民、廖湘科、吴朝晖、刘澎、韩乃平、褚诚缘等。这次访问有几个深刻的印象，一是所访问的俄罗斯和白俄罗斯的单位均高度重视，接待非常认真，也表示了极大的合作意愿，这大概也和俄罗斯当时所处的困难环境有关。可惜后来由于种种原因没有能够保持联系和跟进。一个难忘的记忆是在访问工作之余，在涅瓦河上的乘船游览，一个俄罗斯的表演团队进行了精彩的歌舞表演，并和代表团联欢，一位漂亮的俄罗斯姑娘还在 W 专家头上留下了一个醒目的红唇印，此事也成为我们后续行程中一项主要的谈资。另一个难忘的记忆是 23 号我们刚刚离开莫斯科机场回国,当晚从莫斯科机场起飞的一架图-134 客机和一架图-154 客机差不多同时在莫斯科以南大约 960 公里的地方失事坠毁,后来确认是恐怖袭击。回想起来还是有些后怕。

3. 文件的"权威性"

这是发生在出差途中飞机上的一件事,具体时间记不得了,应该是 2002 年。当时,信息处尉迟坚带来了科技部发出的关于推进 NC 技术研究的文件,当然文件的初稿也是专家组起草的。在飞机上,我们均认真学习了文件,也并没有觉得有什么不妥。后来,回京后被告知,该文件需要重新修改,让专家组给出意见。这时再读,竟然发现了一大堆问题,提出了一系列修改意见!这件事告诉我们,正式发布的文件在人们头脑中会形成一种什么样的"权威性"!这大概也是我们常常会出现的一种认识误区,反映了我们迷信"官方"和"权威"的惯性思维。

4. 见证北京申奥成功狂欢

2001 年 7 月 13 日,专家组刚好在梅地亚宾馆连夜召开会议,就在当晚,在莫斯科举行的国际奥委会第 112 次全会上,国际奥委会投票选定北京获得 2008 年奥运会主办权。消息传来,北京一片欢腾,在中华世纪坛举行了盛大的庆祝活动,时任总书记江泽民也参加了。我们在梅地亚宾馆,非常有幸居高临下地见证了申奥成功后的狂欢。

5. 一次偶遇

2003 年 6 月,为落实科技部徐冠华部长和德国教育研究部部长 EdelgardBulmahn 女士达成的政府间重点国际合作项目——

中德信息和通信技术合作研究院(简称中德合作院)的组建工作,时任高技术中心主任冯记春带队访问德国,我作为软件专家,尤肖虎作为通信专家随团。这次访问落实了后来挂靠在德国弗劳恩霍夫协会亨里克-赫兹通信研究所的德中通信研究所和挂靠北航的中德软件研究所的组建事宜。在飞回北京的国航飞机上,尤肖虎发现一位和我完全同姓名的空姐,这是我迄今为止当面遇到过的唯一同名同姓。而且更为神奇的是,后来在国内航班上,我竟然又遇到了她 3 次!

(四)一 点 感 想

和 863 的结缘是一段终生难忘的经历。在 2011 年年底应聘"十二五"863 先进计算技术主题专家的答辩时,我曾用"有感情、有热情、有经验"来描述自己的竞聘优势。在"十二五"专家组成立大会上发言时,我谈过这么一段认识:

"863 计划作为我国改革开放的总设计师邓小平同志亲自批示启动的中国科技'第一'计划,是体现国家行为的、政府主导的全局性重大战略高技术研究发展计划。20 多年来,取得了辉煌成就,提高了我国高技术研究开发能力,缩短了和国际水平的差距,实现了从跟踪、平行到超越的演变;形成了合理的高技术研究发展布局,锻炼和凝聚了一支高技术研发队伍,具备了参与国际竞争与合作的实力;更是对于我国科学技术的发展、科技体制改革乃至人们思想观念的转变等均产生了深远影响"。

我想,863 是中国科技发展史的一个里程碑,其 30 年发展形成了我国科技事业一笔宝贵的财富。863 精神应该被凝练总结为一座丰碑。

跨越式发展与必然王国

唐志敏

我是在"十五"期间参加 11 主题专家组的工作的。伴随着主题名称从"智能计算机"变成"计算机软硬件技术",整个 863 计划的宗旨也从"跟踪国外先进技术"转为"跨越式发展"。但对我来说,究竟如何才能跨越,并没有明显的方案,跨越的基础在哪里,也不清楚。

我闲时喜欢看戏,有一次看 CCTV 戏曲频道的"跟我学"栏目,尚长荣先生在教唱"牧虎关"。他要求在场的学生严格地模仿他的唱腔中的各种细节,不得有一分一毫的参差。他解释道:你们正在学习阶段,必须一丝不苟地掌握这些基本的唱腔和技巧,不能贸然去发展自己的特点、去标新立异,因为你们现在还处于必然王国。只有你们把这些基础的东西都掌握了,能够融会贯通了,才能再发展出自己的独特风格,逐步进入自由王国。这番话给我很深的感触,没想到老艺术家把马克思主义的社会发展理论用到艺术教育中,也是这么的贴切。联想到以前看一些介绍梅兰芳等大师的创新精神的文章,也是同样的意思:只有吃透了传统的玩意儿,才能发展出亲近新时代的新艺术。转而想到我们从事的科研活动,何尝又不是遵循着这样从"必然王国"到"自由王国"的规律在发展呢?

"十五"期间,11 主题冒着巨大的风险启动了通用 CPU 芯片的研发工作。这项工作虽然很重要，但因为原先的工作基础不足，实施起来非常困难，开始时甚至连定一个阶段性的研发目标都心里没底。现在看起来，这项工作基本上是补课性质的，如果要说跨越的话，那也只是跨越了自己发展过程中的某些阶段，缩小了与世界先进水平的距离，但离跨进世界先进行列，还差得很远。但正是我们尊重必然王国，允许在学习的过程中不断摸索，才逐步积累了技术、培养了队伍，我国的设计水平才出现了大幅度的跨越。一开始我们的设计还是亦步亦趋的，但近年已经看到一些有别于国外产品的设计方案和产品，更别提国内学者在计算机系统类顶级会议中的不断突破了。

　　不尊重必然王国的事件也时有发生，而且在我们这个特殊的体制下，一些标新立异的观点，更容易"上达天听"，可能是上级领导们太不想错过原始创新的大好机会了吧。记得在参加专家组工作之前的那一年，我和当时"国家高性能计算环境"总体组的几位同事一起，参加了一个"全息计算机"的讨论会。听了介绍以后，一向自诩已经深入理解计算机系统的我，竟然一点都听不懂，全是玄之又玄的东西，既不知道全息计算机想解决什么问题，更搞不清楚它的先进之处。实在没办法，我只好提了一个最初级的问题：用你的技术，怎么实现加法运算？这下，双方的讨论有了统一的基础，我也总算明白了，他们的加法是用查表方式[①]实现的：对两个 8 位数的加法，构造一个 $2^8 \times 2^8$ 的表，根据 8 位的加数和 8 位的被加数，一查就能得到结果，不需要进位传送，要知道，影响加法速度的最重要因素

[①] 当然，我这里并不是一概否认查表法。事实上，只要设计合理，查找表(Look-up Table, LUT)在硬件设计的很多场合都是很有效的。

就是进位从最低位向最高位的传送了。那我不禁要问，8 位加法用 65536 个表项我也就忍了，但 32 位的加法呢？64 位的加法呢？表得多大？得用多大的存储空间？内存里都放不下吧？如果我告诉你，现在计算机里用的加法器，虽然确实需要传送进位，但还是比你的方法快，更比你的方法省器件，你信不？对方的脸色有些茫然。后来的讨论也证实，对方的设计师确实不清楚先行进位加法器的实现原理和具体效果。

2002 年 7 月 23 日下午，信息领域专家委主任郑南宁院士带领北京大学程旭教授和我到一个企业，考察该企业开发的一种据称与 SPARC 兼容的处理器的具体状况，以决定是否可以开展对该处理器的测试工作。通过现场观察及与企业研发人员的沟通，我们确认这种处理器并不能执行 SPARC 的指令系统，只是其 CPU 插卡的引脚设计与 SUN 公司 SPARC-20 工作站的 CPU 卡是一致的，所以可以把该公司的 CPU 卡插到 SPARC-20 工作站的主板上。当然，即使插到主板上了，也不能说明它就能工作。观看"换芯"演示后，我们认为：由于演示中使用的显示器、键盘等外设并不是由被"换芯"的机器控制的，而是由与被"换芯"的机器通过 RS 232 串行口相连的另一台完整的 SPARC-20 主机控制，演示并不能说明该 CPU 能否正确处理自己的程序，因而建议需进一步完善有关设备驱动程序，尽快开发出能够确认该 CPU 能正确工作的演示系统。最终，由于缺乏必要的系统软件(主要是操作系统和编译器)，我们得出了该款 CPU 尚不符合测试条件的结论。

归根到底，这里还是一个没有走出必然王国的问题。也许前述处理器真的具有一些创新的特征，但是，这些都是"自选动作"，它们能够起到锦上添花作用的前提，就是"规定动作"

必须合格。中央处理器作为计算机最核心的部件，基本要求就是能够解题，而规定动作就是提供解题环境。当然，对规定动作的要求也是与时俱进的。1950 年研制第一代计算机的时候，硬件裸机就基本上算是解题环境了，但五十年以后，计算机的应用模式已经有了翻天覆地的大发展，还只有一个硬件裸机，就远远不够了。没有一个用户或测试人员有时间、精力、兴趣、经费在一台裸机上跑程序玩。现在讲究的是生态环境，哪怕不是良好的生态，至少也得有基本的软件支持。前述处理器的开发单位曾提出由测试组来开发支撑软件和测试程序，那测试组岂不就变成一个庞大的软件开发团队了，不仅需要巨额的经费支持，而且也不再是独立的第三方，不利于得出公正的结论。

前两年，我在一个研讨会上讲高端芯片的评测问题，与会者问我，中国人好不容易提出一种创新的 CPU 结构，你为什么还要用外国人搞的 SPEC CPU 这样的传统测试程序去测它，这不是"关公战秦琼"吗？这不是压制创新吗？我回答说，可以不用 SPEC CPU 啊，基准程序本来就是在一定范围内被认可的、代表一定类型应用特征的一种评测手段，并不是放之四海而皆准的标杆。评价计算机最本质的方法就是让它运行真实的应用程序，尤其是设计或购买这台计算机时所瞄准的那个目标问题或应用软件。任何一种创新的体系结构，都是针对一种或多种应用问题而设计的，那就用它宣称最擅长解决的那种问题来评测它吧！

必然王国是通往自由王国的必经之路，很难跳过。生物学里有一种说法：个体胚胎的发育过程，实际上是一种浓缩了的种群进化过程。个人或组织的发展，是否也需要重复整个社会的发展阶段，包括前人走过的各种弯路？应该是不必要的。避免走弯路，学习在这里的作用是至关重要的。应该说，学习是缩短必然王国的重要手段，而所谓的跨越式发展，本质上就是通过学习，缩短了在必然王国中徘徊的时间。

直接经验和间接经验是人们认识世界的两大途径。既然前人或旁人已经做过很多工作，也产生了很多教训，我们一定要重视从这些间接经验中获得知识，尽量避免从直接教训中学习。间接经验中，有些是公开的，如论文和专利等，我们可以直接学习；有些是不公开的，如技术秘密。对不公开的间接经验，也不一定非要通过自己的摸索来形成直接经验，也许等价交换是一种性价比更高、时间成本更低的方式。作为信息技术领域的后来者，只有尽快地充分吸取间接经验，才能走出必然王国，迈进自主创新的自由王国。

见证中国"芯"

——我在 863 的那几年

黄永勤

2001 年 7 月,我有幸加入了"十五"863 计划(民口)信息技术领域计算机软硬件技术主题第一届专家组。专家组成立后的第一件事就是学习党的科技发展政策,在科技部的领导下,在领域专家的指导下,提出了以面向国家信息化网络计算技术为主线开展计算机体系结构、Internet 新技术、计算机软件技术、多模式人机接口与中文信息处理、重大示范应用五个方面的研究工作,其中又特别提出,将通用 CPU 设计作为"十五"期间重点支持项目。

CPU 作为信息技术领域的核心器件,长期以来被国外垄断。由于时机不成熟,我国在"八五"和"九五"计划期间并没有部署通用 CPU 研制。党和国家领导人深谋远虑、高瞻远瞩,适时提出"要大力推进自主可控信息系统建设应用,摆脱核心信息技术受制于人的局面"。为此,在"十五"计划初期,863信息技术领域专家组经过深入调研,确立研制方向,设立了超大规模集成电路设计专项。在该专项支持下,计算机软硬件技术主题专家组精心制订课题指南,先后确立了"国产高性能 SoC 芯片"、"面向网络计算机的北大众志 863 CPU 系统芯片及整机系统"、"龙芯 2 号增强型处理器芯片设计"等课题,支持上海高性能集成电路设计中心、北大众志、中科院计算所等单位研发国产通用 CPU。一大批朝气蓬勃、热情洋溢的年轻人在老科学家们的带领下投身到中国"芯"事业。在研制起步阶段,面临技术基础薄弱、开发工艺落后、研发条件不足等多重困难,国产 CPU 研制道路举步维艰。科技部为各单位提供了与国内外先进企业、科研机构进行交流合作的高起点平台,工信部密切协调国内集成电路工艺厂商与各单位开展深度合作,为国产 CPU 研制实现自主可控创造了良好条件。领域专家委、主题专家组牢牢把握技术发展方向,在课题方案拟订及实施等方面给予了监督和指导。研制单位确定了"需求牵引、自主创新,立足国内,重点跨越"的工作方针,在体系结构以及微结构方面进行自主创新,实现 CPU 设计技术新的突破,特别是在处理器系统结构设计中,坚持"兼容与创新"的设计原则,在兼容主流高性能微处理器的基础上,形成各具特色的微处理器体系结构,保证 CPU 结构的先进性和高效性,实现性能、功耗和设计复杂性等三方面的平衡;针对国内工艺不足的现状,创新性提出"工艺不足设计补"的观点,加强设计技术的创新,在 CPU 结构、逻辑、物理设计各个阶段,前后端协同进行优化设计。科研人员披荆斩棘、矢志不渝、奋勇攻关,2002 年到 2005 年,以"申威"、"众志"、"龙芯"为代表的 CPU 相继研发成功,实现了国产通用 CPU 从无到有的突破!以申威 1 为例,该芯片是 64 位通用 CPU,采用完全自主指令集,立足国内工艺,最高工作频率达 1.25GHz,项目验收时,被科技部评为最高级别的"Aa"级成果。后续,在"核高基"科技重大专项支持下,申威系列 CPU 先后突破了单核、多核架构,频率不断提升,在不到十年时间内，跨越了国外三十年发展历程，逐步缩短了与国际先进水平的差距。

回首往昔，无论是 2008 年的"微软黑屏"事件，还是 2013 年的"棱镜门"事件，再到最近美国政府对我国 4 家超级计算中心的 Intel 芯片"禁售令"，一次次给我们敲响了信息安全的警钟，缺少自主可控的"芯"，一切信息化设备都是无本之木，就会永远在信息产业上受制于人。正是得益于 863 计划"十五"期间的重点支持，以及 863 相关领域专家、主题专家的辛勤劳动，国产 CPU 迈出了从无到有的关键步伐，对国家信息系统真正实现自主可控产生了深远的影响。一是全面掌握了通用 CPU 研制核心关键技术，国内 CPU 研发单位已具备了处理器结构设计、逻辑设计、物理设计、设计验证等贯穿整个处理器芯片研发过程的能力，可基本实现处理器研发的自主可控；二是国产 CPU 已辐射应用到我国信息安全、信息处理等核心领域，基于"龙芯"、"众志"、"申威"通用 CPU 的国产桌面机、服务器、工控机、防火墙等设备已投入实用，以国产 CPU 为龙头的计算机软硬件产业链日趋完整；三是培养锻炼了数支技术精湛、经验丰富、作风过硬的 CPU 设计团队，形成了领军人物、技术专家、科研骨干为核心的梯次结构，为国家信息建设储备了优秀人才。

国产 CPU 的成功研制推动了超级计算机的跨越式发展。超级计算机的发展和应用，是信息时代发达国家竞相争夺的重要技术制高点，是国家综合国力和国际竞争力的重要标志。长期以来，超级计算机核心技术一直被美日等发达国家牢牢把握。我国超级计算机研制起步较晚，"十五"期间，863 计划开始支持超级计算机发展，"联想"、"曙光"、"天河"等超级计算机先后研制成功，但其中的核心器件 CPU 始终只能依赖于进口。国产 CPU 的研制成功，使超级计算机全面采用中国"芯"成为可能。"十二五"期间，863 计划"神威蓝光千万亿次高效能计算机系统"课题明确要求采用国产 CPU 研制超级计算机。2011 年，全部采用"申威 1600"处理器构建的"神威蓝光"千万亿次计算机系统研制成功，这是 863 计划取得的重大成果，标志着我国成为继美国、日本之后世界上第三个能够采用自主 CPU 研制千万亿次计算机系统的国家。

国产 CPU 研发之所以能取得目前的成果，我认为主要有以下几方面的原因。第一，国家自主创新战略需求是国产 CPU 研制的强大牵引，正因为国产 CPU 具有特别重大的意义，在"自主创新、重点跨越、支撑发展、引领未来"的科技发展战略引领下，将 CPU 研制作为国家、民族的大事来抓，为中国"芯"的发展提供了契机，创造了条件，明确了方向。第二，党和国家领导人的亲切关怀、国家部委的大力支持是国产 CPU 研制成功的根本保证。时任党和国家领导人均就自主研发 CPU 提出了殷切希望，在不同场合对国产 CPU 研发给予了高度评价和巨大鼓舞。科技部通过 863 计划设立专项支持国产通用 CPU 研制，组织国内优秀团队集智攻坚，从政策、机制、资金等方面给予了全面保障。第三，坚持"自主创新、重点突破"的技术路线是国产 CPU 研发的重要基础。为按时保质完成研制任务，各研制单位在采用国内外先进技术的基础上，进行大胆创新，不断突破结构设计、物理设计、低功耗设计、设计验证、基础软件开发等一系列核心关键技术，为国产 CPU 的成功研发奠定了坚实基础。第四，"无私奉献、勇攀高峰"的精神是战胜困难、永续前行的不懈动力。由于国外长期的技术封锁，我国研发国产

CPU，没有现成的经验可供借鉴，没有成熟的资料可供参考，没有完备的手段可以利用，没有先进的工艺提供支撑，要在短时间内实现突破，任务极其繁重，压力极其巨大，挑战极其艰巨。在研制过程中，科研人员不畏艰难，开拓进取，群策群力，协同作战，为国产 CPU 的发展提供了强大动力。

光阴似箭，岁月如梭。从 1986 年 863 计划开始实施至今，已整整 30 年。这 30 年，特别是最近的 15 年，是我国高新技术领域日新月异、高速发展的黄金时期，而我作为信息技术领域计算机软硬件主题专家组的成员，有幸见证了国产 CPU、超级计算机等多项科学技术在 863 计划、核高基等国家科技项目的支持下从无到有、从弱到强的发展历程。随着国家科研体制的革新，863 计划即将退出历史舞台，但其取得的成就有目共睹，其积淀的技术和培养的人才必将成为我国科技持续发展的强大动力，为我国跻身于科技强国之林奠定了坚实的基础。

感悟与收获

——我的 863 专家经历点滴

徐　波

从大学毕业开始算起自己从事科研和管理工作近 30 年了。从 2004 年到 2010 年六年期间，自己有幸成为国家战略高技术研究计划的领域专家，能站在国家战略高科技发展的角度去思考一些问题是自己引以为豪并享受终生的经历。无论是担任"十五"期间 863 计算机软硬件主题责任专家，还是"十一五"担任信息技术领域专家，主要从事智能人机交互和中文信息处理领域的规划和项目管理，这个方向先后有高文、怀进鹏、梅宏等老师担任过责任专家，也非常有幸能与这些专家先后共事。随着移动互联网和大数据时代的到来，这个方向代表的人工智能技术也从过去 IT 中相对小众的方向，逐步成为推动信息技术发展的源动力和新的产业生长点，确实让人感觉飞速发展的信息技术对社会发展的重大冲击。作为后来者，自己从中学习诸多，也对后来科研和管理方面的促进良多。

我是 2004 年首先作为中文信息处理领域的专家进入 863-11 主题专家组成员的。智能人机交互尤其是中文信息处理领域是我国当时鲜有的优势方向。当时科技部经过很多专家的书面调查产生的一个咨询报告，认为中文信息处理是我国唯一在信息处理领域处于国际领先水平的领域，也是当时 863-11 主题 "高产" 和"亮点"方向。人机交互和中文信息处理领域涉及的应用方向多，算法五花八门，研究人员也是八仙过海、各显神通。为了客观公正的评价不同方法和技术的特点，863 在这些方向上一直有性能测评的传统。从语音识别、语音合成、机器翻译、实体抽取到中文分词等，都可以通过专门的评测来客观地评估课题的进展。这之前自己作为课题负责人也参加过这样的评测，深知评测对课题的牵引和导向，以及评测对技术研究和交流的重大推动作用。当时专家组在总结过去这个方向的经验基础上，概括性地提出了"以测带评"管理思想，把对 863 课题的管理通过测评的方式加以集中体现，并逐渐在软件等主题的其他领域加以推广。这种通过第三方介入"以测带评"的管理模式，是项目管理非常重要的抓手。"十五"期间，在继承原有评测客观公正的原则基础上，进一步完善了评测的方案，引入了非现场评测。虽然这种评测方法引起了一些纠纷，但大大减少了现场评测带来的巨大组织管理工作以及由此带来的问题，更重要的是减少了评测过程中程序偶然性错误带来的对算法和技术的误判。随着评测后的学术交流和互信的建立，这种学术评测方法也被称为国内这个领域基本的评测规范。

在"九五"、"十五"期间，我国以手写识别、语音合成为代表的中文信息处理不但在技术上产生了突破，也在市场上取得了成功，产生了像汉王和科大讯飞这样成功的企业。从满足市场客户需求出发，迫切需要提供包括中文在内的多语言的支持。相比于国外大公司的市场竞争，单纯的中文信息处理难以满足客户对手机输入输出等的一站式解决方案的需求。各种文字、语音识别和合成技术、多语言翻译技术等不同程度上迫切需要按照市场需求配置语言。如何继续保持中文信息处理的核心竞争力，同时考虑到多语言信息处理的市场发展需求，当时的863专家组提出了"以中文为核心的多语言信息处理"概念，得到了本领域科研人员的高度认可。在科技部的进一步支持下，在"十五"末期提出了"中文为核心的多语言信息处理"重点项目，既突出了以中文为依托的技术突破，也考虑到了面向应用的中国少数民族语言、英文等语种的需求。该项目研究内容包括语音语言数据库、语音识别和合成、多语言翻译和检索等，并在电信、教育、安全、广电、电子商务等行业应用加以推广。当时正值国际互联网泡沫之后智能技术的沉默期，这个方向的很多人才纷纷改行从事其他技术的研究，国内这个方向研究团队的发展也面临相当的困难，有些甚至陷入弹尽粮绝的境地。通过这个项目的安排，保持了语言信息处理领域在国际研究低潮时期的国内研究种子，为在"十一五"末、"十二五"初移动互联网时代人机交互领域的崛起，积累了技术，保持了一支队伍。十年后的今天，在中文信息处理领域我们看到不但拥有科大讯飞、拓尔思、汉王等这样的上市公司，而且其培养锻炼的人才遍布这个领域的创业公司。即使像百度、阿里巴巴和腾讯（BAT）这三家公司的语音语言研究团队负责人和研究骨干很多也源自于本项目，从另外一个侧面印证了我国在中文信息处理领域独有的优势。回想起怀进鹏和梅宏等专家反复提到的，要紧紧抓住中文这个方向不放。为此"十二五"中继续安排了多语言互联网翻译、大规模中文语义处理等项目方向，体现了科技部和专家组对以中文为核心的多语言信息处理方向的正确认知和该方向的极端重要性。

在"十一五"期间科技部为了提高信息领域布局的整体性，

把"十五"期间的主题专家组合并成了一个领域专家组，自己也得以在更大的智慧群体中得到学习和锻炼。为了贯彻落实国家科技中长期发展规划精神，科技部在信息领域专门设立了虚拟现实专题。以 21 世纪初当时的计算能力和 IT 发展水平提出设立虚拟现实专题确实反映了参与国家中长期科技发展规划专家们的高瞻远瞩。自己有幸成为主管信息领域虚拟现实的责任专家，更是开阔了思维。跨领域地跟很多大学和科研院所的老师结为朋友，虚心向他们学习，了解这个领域的发展要点和瓶颈。科技部的领导也高度重视虚拟现实这个专题的重要性，特别强调这个领域的跨学科要求和广阔的创新空间。相比于中文信息处理，虚拟现实技术包括获取、建模、显示到交互等不同环节，学科上涉及光学、机械、电子、材料、计算，从应用角度涉及艺术、医学、教育等领域。随着对这个领域的了解，发现相比国际领域发展，我们不断需要研究攻克技术难题，更需要在应用理念和想象力上突破自己。至今印象深刻的国外先进技术包括真三维显示技术和全景光场捕捉技术，还有一大批国外创业公司在虚拟现实领域的独特的创新追求。为了把握住这个领域的这些技术特点，专家组尽可能地掌握国内从事这个领域的关联研究团队，按照科技部"十一五"863 的组织模式，支持了一批在我国尚处于萌芽发展的项目，极大地促进了这个领域的团队建设，繁荣了这个领域的创新，可以说为这个领域的发展打下了地基。如果说 2010 年开始，以深度学习为代表的语音识别、合成等人工智能技术的突破引发了整个移动互联网时代技术变革的话，我坚信以虚拟现实技术为主导的 TeleX 技术将完全打破人类跨越时间和空间带来的非沉浸式体验落差，真正使远程医疗、远程购物、远程娱乐、虚拟表演等成为可能。我们拭目以待这个时代的到来，也期望国家相关部门加强对虚拟现实技术领域的投入，建立一批大的项目，带动相关产业发展。

前前后后自己当了六年左右的 863 专家，除了需要很辛苦地完成科技部领导和专家组布置的任务外，规划是必不可少的工作，这极大地锻炼了自己的战略思维能力。如何从纷繁复杂的线索中抓住主要矛盾，不能说自己是百发百中，但一定是有这样的意识去这么想，去这么做。一件事情首先会想到的是战略。大到从一个研究所的发展方向，小到一个课题组的生存之道等都会从这个角度去思考。同时也深刻地意识到，战略思维不是一切。战略意味着选择，选择意味着风险。而风险的控制一定是要设定很好的路径以及实现这条路径的执行能力。当 863 专家的时候，这样的执行力得力于 863 的管理体制和专家自己的管理投入，而管理一个科研组织和团队则同样需要相应的路径设计和政策支持。

IT 技术作为完全开放和全球化的竞争领域，没有创新没有特色就没有生命力和生存空间。中文信息处理之所以能在激烈的技术和产业竞争中还有中国人的一席之地，也在于我们能够首先聚焦在中文语言上。当时汪成为院士描述 TRS（拓尔思）在中文全文检索领域的"一招鲜"。"一招鲜"的练成需要天时地利人和，在当时的语境下是国际最前沿技术与国家市场最迫切需求的结合。我们有了"一招鲜"的本事，就能在世界民族之林上占有一席之地。当中国的经济已经成为全球第二，当中国的企业创新和创业已经成为一种时代需求，对国家主导的高技术研发计划就赋予了更多内涵。时代更需要我们去沉下心来，把握好未来信息技术向智能化方向的大趋势，抓住智能化发展的灵魂，在新一轮的 IT 竞争中心无旁骛地进行布局和创新。最近阅读的有关德国大量制造企业的"一招鲜"，形成了二三千家德国在国际产业中的"隐形冠军"。

担任 863 专家同时也更加强化了自己的责任意识。国家投入那么多纳税人的钱，在战略必争领域如何给科技部当好参谋、提供咨询意见和当好决策参谋，都能深切感受到肩上的责任是沉甸甸的。这种责任也一直伴随着自己管理好自己职责范围内的科研团队，做一个合格的科研和科技管理工作者。

难忘延安行

陈左宁

2015 年是纪念抗日战争胜利七十周年之年，也是 863 计划顺应全面科技体制改革，步入统筹调整之年，同一年两件看似不相交的事情，当我回忆起参与 863 专家组工作的点点滴滴，交汇出现了，延安，正是我记忆深处的交汇点。

2004 年 10 月，863 信息领域专家组在组长郑南宁、李国杰院士带领下，在延安召开了规划会议。延安是中国革命的圣地，之前未来过，设想今后红色旅游、政治教育活动会来的，怎么也没想到首行是这样。

郑院士在这次信息领域规划会上开场白，点出为何会议安排在延安开，863 计划顶层规划的领率性、统筹性、前瞻性，要求我们这些"专家"跳出本专业领域技术局限，用更开阔的视野，为国家信息科技发展绘好蓝图。延安，抗战时期中国革命的大本营，更是中国共产党由小到大、由弱到强、从幼年到成年、从幼稚到成熟成功的转折地，毛泽东思想在这里确立，以此为核心形成的延安精神，指引中共将事业干大干成，最终建立了新中国。我们这次来，是"朝圣"，更是学习延安精神，指导规划今后几年信息技术发展方向，加快追赶国际先进水平的步伐。我们参观了延安纪念馆、瞻仰了中共中央办公故址等，记得专家组就"延安现象"讨论热烈，几位老师就相关历史问题的分析让我很受启发。

　　研讨会上，我就 863 计划支持用国产核心软硬件研发高性能计算机、海量存储装备等基础装备提出了建议，这些在以后的 863 计划中都有安排。几年后，第一台由全国产 CPU 及系统软件构成的"神威蓝光"高性能计算机装备济南超算中心，由华为、浪潮分别牵头研发的海量存储系统也推向了市场。

　　十年弹指一挥间，在包括 863 计划等国家科技计划的支持下，我国信息领域对核心技术的掌握已经登上新台阶。由基本追赶，到部分同行、个别领先。至今我还记得，当年从北京到延安，坐的是螺旋桨小飞机，飞翔在朵朵白云和层叠黄土之间，当时我就在想，何时我国信息技术的发展完全掌握在自己手中，由必然王国走向自由王国，像在蓝天翱翔的小飞机一样。这一天正在到来，中国梦正在实现。

863 软件重大专项

——国产操作系统与 Office 的起点

廖湘科

回顾个人的成长历程，863 专家组的经历是我人生的宝贵财富，开拓了眼界，提升了能力，并与专家组的同事们结下了一生的深厚感情。我个人接触 863 的时间较晚，2002 年成立 863 软件专项专家组时，李武强副司长通知我去科技部见徐冠华部长，那是我第一次去科技部，所以当我问科技部在什么地方时，武强司长十分吃惊。

2000 年前后，要不要研发国产的 CPU 和操作系统，在国内引发了激烈的争论，信息产业部组织起草了"泰山计划"，明确提出要研发自己的 CPU 和操作系统，随后 863 计划的计算机软硬件主题也组织起草了"中国网络软件核心平台"项目建议书。我参与了"泰山计划"软件部分的起草工作，这也是我后来能介入 863 的缘起。

（一）863 软件重大专项

为了解决我国在操作系统等基础软件领域受制于人的问题，"十五"期间，科技部在计算机软硬件主题的基础上，又先后启动了863软件重大专项、数据库管理系统专项，通过这两个专项和计算机软硬件主题，对软件领域核心技术突破和产品自主研发做了全面部署，开展包括操作系统、数据库管理系统、中间件软件和重大应用共性软件在内的我国自主软件产品的成体系研发，并通过"内需拉动"和"整机带动"的示范项目，来提高自主基础软件的产品化、商品化程度，以完善我国自主的软件体系。

根据科技部的分工部署，863软件重大专项的重点任务是组织操作系统、办公软件和嵌入式软件平台方面的研发工作。中间件软件方面的研发工作由计算机软硬件主题组织实施，数据库管理系统方面的研发工作由自动化领域的数据库管理系统专项组织实施。2002年，成立了863软件重大专项专家组，由吴朝晖、杜小勇、韩乃平、刘澎和我组成，我任组长。

"十五"期间，863软件重大专项共安排经费41712万元，其中：①服务器操作系统方面安排经费9120万元，比例21.9%，重点支持服务器操作系统、编译系统和配套的服务器功能软件的研发等；②桌面操作系统方面安排经费4710万元，比例11.3%，重点支持桌面操作系统及其配套的工具软件的研发；③办公软件方面安排经费4759万元，比例11.4%，重点支持办公软件的研发；④嵌入式软件方面安排经费11632万元，比例27.9%，重点支持嵌入式操作系统和面向领域行业的嵌入式平台软件研发；⑤应用示范方面安排经费9291万元，比例22.3%，通过"以用带研、集成示范"，形成有竞争力的应用解决方案，并借助优秀的应用解决方案捆绑国产基础软件，完善并推广国产基础软件；⑥体系建设方面安排经费1920万元，比例4.6%，重点支持863软件专项测试基地和共创软件联盟的建设，为专项的顺利实施提供支撑。

经过 4 年的努力，软件重大专项在国家相对薄弱、但战略必争的基础软件领域实现了从技术到产品的突破，研制成功银河麒麟、红旗 Linux、中标普华 Linux 等服务器和桌面操作系统，凯思 Hopen、科银京成 DeltaOS 等嵌入式操作系统，金山 WPS、永中 Office、中文贰仟 Red Office、星火燎原 ScienceWord 等办公软件产品，武汉达梦、人大金仓等通用数据库管理系统，智能手机、信息家电和汽车电子三个嵌入式软件平台，并通过"以用带研、集成示范"，在金融、电子政务、网络教育、国防等领域组织了示范应用，形成了一批有竞争力的应用解决方案。

软件重大专项成果，结合数据库管理系统专项、计算机软硬件主题的成果，共同形成了以操作系统、数据库管理系统、中间件软件和办公软件为核心的较为完整的自主基础软件体系。

（二）"核高基"重大专项

2005 年，国家启动《国家中长期科学和技术发展规划纲要》的编制工作，我们专家组积极参加了重大专项的论证工作。最终"核心电子器件、高端通用芯片及基础软件产品"科技重大专项被列为《规划纲要》确定的 16 项科技重大专项中的第一项，基础软件作为"核高基"专项的三个方向之一，总体目标是：到 2020 年，掌握以操作系统为核心的基础软件关键技术，研发一批拥有自主知识产权的基础软件产品；形成若干具有自主知名品牌和国际竞争能力的创新型软件企业；促进建立起完善的以企业为主体的软件产业技术创新体系以及保障我国软件产业的政策、法规、标准和知识产权相互配套的生态环境；解决国家信息安全受威胁，软件产业发展受制约的瓶颈问题，使我国的软件产业进入世界先进行列。重点实施的内容是：开发以服务器操作系统，数据库管理系统，中间件和办公软件为核心的通用基础软件，开发以网络通信、数字家电、信息安全和汽车电子为重点领域的嵌入式基础软件。

从此，我国基础软件领域的国家科技计划，主体进入了"核高基"时代。

（三）"雄关漫道真如铁，而今迈步从头越"

从 863 软件重大专项，到"核高基"国家重大专项，我国基础软件的发展，寄托了三代国家领导人的期盼，弹指一挥间，15 年过去，既有成绩，也有不足与遗憾。操作系统、数据库管理系统、中间件软件等基本具备了对国外同类产品的替代能力，形成了基本完整的硬软件体系，并开始了推广应用，但仍未形成我国自主可控的发展共识，也未形成我国自主可控的市场策略。如何规划我国自主可控信息系统发展，仍是领导担心最多的问题，专家争论最多的议题，国民谈论最多的话题。我国信息化的"空心化"问题，一直是、仍然是制约我国信息产业做大做强的难题。

2013 年 12 月，习主席在针对 Windows XP 停止服务的院士联名信上的重要批示，再一次要求操作系统等核心技术受制于人的问题必须及早解决，2016 年 4 月 19 日在网络安全与信息化工作座谈会上的重要讲话，更是吹响了自主可控发展的新号角。"雄关漫道真如铁，而今迈步从头越。从头越，苍山如海，残阳如血。"我们期盼我国基础软件的发展，能在新的时期，抓住自主可控的战略需求，收复失地，迎来万里长征的"娄山关大捷"。

人物篇

历届主题专家组成员名单

863 计划信息领域　306 主题

第一届主题专家组　任职时间：1987 年 7 月—1989 年 7 月

专家组职务	姓　名	所　在　单　位
组　长	张　祥	中国科学院计算技术研究所
副组长	戴汝为	中国科学院自动化研究所
副组长	王　朴	国防科学技术大学
成　员	王鼎兴	清华大学
	孙钟秀	南京大学
	李　未	北京航空航天大学
	陈　霖	中国科学技术大学
专家委	汪成为	国防科工委
专家委	陈火旺	国防科学技术大学
专家委	高庆狮	中国科学院计算技术研究所

第二届主题专家组　任职时间：1989 年 10 月—1992 年 9 月

专家组职务	姓　名	所　在　单　位
组　长	汪成为	国防科工委
副组长	张　祥	中国科学院计算技术研究所
副组长	李　未	北京航空航天大学
成　员	戴汝为	中国科学院自动化研究所
	王鼎兴	清华大学
	孙钟秀	南京大学
	李国杰	中国科学院计算技术研究所

第三届主题专家组　　任职时间：1992 年 10 月—1995 年 10 月

专家组职务	姓 名	所 在 单 位
组 长	汪成为	国防科工委
副组长	李国杰	中国科学院计算技术研究所
副组长	李 未	北京航空航天大学
成 员	王鼎兴	清华大学
	孙钟秀	南京大学
	李卫华	武汉大学
	高 文	哈尔滨工业大学
	吴泉源	国防科学技术大学

第四届主题专家组　　任职时间：1996 年 4 月—1998 年 4 月

专家组职务	姓 名	所 在 单 位
组 长	高 文	中国科学技术大学
副组长	王鼎兴	清华大学
副组长	李 未	北京航空航天大学
成 员	吴泉源	国防科学技术大学
	钱跃良	中国科学院计算技术研究所
	钱德沛	西安交通大学
	刘积仁	东北大学
项目专家	李国杰	中国科学院计算技术研究所

第五届主题专家组　　任职时间：1998 年 5 月—2000 年 12 月

专家组职务	姓　名	所　在　单　位
组　长	高　文	中国科学技术大学
副组长	刘积仁	东北大学
副组长	钱德沛	西安交通大学
成　员	钱跃良	中国科学院计算技术研究所
	谭铁牛	中国科学院自动化研究所
	吴建平	清华大学
	吕　建	南京大学
	王怀民	国防科学技术大学
	刘　澎	电子部总体中心
	怀进鹏	北京航空航天大学
	刘　峰	北方交通大学
项目专家	李国杰	中国科学院计算技术研究所
组长助理	杨士强	清华大学
组长助理	李明树	中国科学院软件研究所

863 计划信息技术领域　11 主题

第一届主题专家组　　任职时间：2001 年 7 月—2003 年 12 月

专家组职务	姓　名	所　在　单　位
组　长	怀进鹏	北京航空航天大学
副组长	钱德沛	西安交通大学
副组长	李明树	中国科学院软件研究所
成　员	吕　建	南京大学
	梅　宏	北京大学
	王怀民	国防科学技术大学
	唐志敏	中国科学院计算技术研究所
	刘　澎	北京软件促进中心
	黄永勤	总参五十六所

第二届主题专家组　　任职时间：2004 年 8 月—2006 年 6 月

专家组职务	姓　名	所 在 单 位
组　长	怀进鹏	北京航空航天大学
副组长	吕　建	南京大学
成　员	梅　宏	北京大学
	王怀民	国防科学技术大学
	徐　波	中国科学院自动化研究所

863 计划信息技术领域

任职时间：2006 年 7 月—2011 年 12 月

专家组职务	姓　名	所 在 单 位
组　长	怀进鹏	北京航空航天大学
副组长	邬江兴	国家数字交换系统工程技术研究中心
成　员	方滨兴	国家计算机网络应急技术处理协调中心
	尤肖虎	东南大学
	王志华	清华大学
	冯登国	中国科学院软件研究所
	吕　建	南京大学
	陈左宁	国家并行计算机工程技术研究中心
	吴朝晖	浙江大学
	孟　丹	中国科学院计算技术研究所
	钱德沛	西安交通大学
	徐　波	中国科学院自动化研究所
	梅　宏	北京大学
	曹淑敏	信息产业部电信研究院
	廖湘科	国防科学技术大学

863 计划信息技术领域先进计算技术主题

任职时间：2012 年 3 月—2015 年 6 月

专家组职务	姓 名	所 在 单 位
召集人	梅 宏	北京大学
成员	王恩东	浪潮集团
	谭铁牛	中国科学院自动化研究所
	谢向辉	江南计算所
	金 海	华中科技大学
	左德承	哈尔滨工业大学
	黄河燕	北京理工大学

专 家 简 介

汪成为,中国工程院院士,计算机科学家。我国军用计算机及软件、仿真、建模和军用信息应用系统的早期研制者和组织者之一。

解放军总装备部科技委顾问,曾任总装备部科技部常任委员、原国防科工委系统工程研究所总工程师、所长,国家863计划智能计算机系统专家组组长。长期从事电子计算机及人工智能研究工作。参与和主持多种系统仿真、模拟计算机及数字计算机总体、整机及软件设计,如主持完成了几项工程的系统仿真、S8操作系统设计、军用共性软件的总体设计、智能化决策支持系统等。获 1987 年国家科技进步奖二等奖 1 项、1997 年国家科技进步奖二等奖 1 项、1998 年何梁何利基金科学与技术进步奖。著有《面向对象的方法、技术和应用》、《灵境(虚拟现实)技术的理论、实现及应用》等。

李未,中国科学院院士,北京航空航天大学教授。曾任北京航空航天大学校长,历任第一届863计划智能计算机系统主题专家组成员,第二、三、四届863计划智能计算机系统主题专家组副组长。

　　李国杰，中国工程院院士，现任中国科学院计算技术研究所研究员、首席科学家，中国科学院大学计算机与控制学院院长。曾任中国科学院计算技术研究所所长，历任863计划306主题第二、三届专家组副组长，国家智能计算机研究开发中心主任，"十五"863计划信息技术领域专家委员会副主任。

　　高文，中国工程院院士，北京大学教授、博士生导师，国家自然科学基金委员会副主任，中国计算机学会理事长，第十届、十一届、十二届全国政协委员。曾任中国科学院计算技术研究所所长，中国科学院研究生院常务副院长；1992年入选国家863智能计算机系统主题专家组，担任计算机接口专题的责任专家；1996～2000年任863智能计算机系统主题第四、五届专家组组长。

　　长期从事计算机视觉、模式识别与图像处理、多媒体数据压缩、多模式接口以及虚拟现实等的研究。出版著作5部，在本领域重要期刊和国际会议发表论文700余篇，其中IEEE会刊论文100余篇。作为第一完成人，1次获得国家技术发明二等奖（2006年）、5次获得国家科技进步二等奖（2000、2002、2003、2005、2012年）。

吴泉源，国防科技大学计算机学院一级教授，博士生导师。1992 年至 1998 年担任国家 863 计划智能计算机系统第三、四届主题专家组成员，智能应用责任专家。2001 年获国家科技部和总装备部"国家 863 计划重要贡献奖"，2003 年"中国农业专家系统（Agricultural Expert Systems In China）"获联合国信息科学世界峰会大奖，2006 年"农业专家系统研究及应用"获国家科技进步二等奖。

钱跃良，中国科学院计算技术研究所正研级高工，中国科学院计算技术研究所济宁分所所长。历任 863 计划智能计算机系统主题办公室主任，863 计划智能计算机系统主题第四、五届专家组成员。

刘积仁，东软集团创始人，现任董事长兼首席执行官，中国软件行业协会副理事长，曾任全国政协委员，东北大学副校长，世界经济论坛全球议程理事会成员，亚太经合组织商业顾问委员会委员，863 计划信息领域 306 主题第四届专家组成员，第五届专家组副组长。

钱德沛，北京航空航天大学/中山大学教授，中山大学数据科学与计算机学院院长。历任863计划智能计算机系统主题(306主题)专家组成员、副组长，"十五"863计划计算机软硬件主题(11 主题)专家组副组长，"十一五"863 计划信息技术领域专家组成员，"十五"863计划重大专项"高性能计算机及核心软件"总体专家组组长、"十一五"863 计划重大项目"高效能计算机及网格服务环境"总体专家组组长、"十二五"863计划重大项目"高效能计算机及应用服务环境"总体专家组组长。

谭铁牛，中国科学院院士，现任中国科学院副院长，中科院自动化所智能感知与计算研究中心主任、研究员。历任"九五"863计划智能计算机系统主题(306 主题)专家组成员，"十五"863计划信息技术领域专家委员会副主任，"十二五"863计划先进计算技术主题专家组成员。

吴建平，中国工程院院士，现任清华大学计算机系教授，计算机系主任，网络科学与网络空间研究院院长。历任"九五"863计划信息领域智能计算机系统主题(306主题)专家组成员和 863-300 重大专项项目领导小组成员，"十五"863计划信息领域专家委员会委员，"十二五"863 计划信息领域"网络与通信"主题专家组召集人。

吕建，中国科学院院士，现任南京大学教授，南京大学副校长。历任"九五"863计划智能计算机系统主题专家组成员，"十五"863计划计算机软硬件主题（11主题）专家组成员、副组长，"十一五"863计划信息技术领域专家组成员。

王怀民，国防科学技术大学教授，副教育长。历任智能计算机系统主题（863-306主题）专家组组长助理、专家组成员，"十五"863计划计算机软硬件主题（11主题）专家组成员，"十一五"和"十二五"863计划先进计算技术主题重点项目负责人。

刘澎，先后就职于电子工业部第十五研究所，信息产业部信息化工程总体研究中心，中国科学院软件研究所。现担任中国软件协会共创软件分会秘书长兼副理事长、开源及基础软件技术创新创业联盟副理事长，中国开源软件推进联盟秘书长兼副主席，北京长风信息技术产业联盟标准工作委员会主任，并受邀在中国智慧城市产业技术创新战略联盟担任顾问。

"九五"期间，担任国家 863 计划信息领域智能计算机系统主题专家组成员，"十五"期间，担任国务院办公厅电子政务总体专家组成员、计算机软硬件主题专家组和国家 863 计划软件重大专项专家组成员。

怀进鹏，中国科学院院士，计算机软件专家。现任工业和信息化部副部长、党组成员，中国电子学会理事长，第十二届全国人大代表。曾任北京航空航天大学副书记兼副校长、常务副校长、校长；国家"十五"863计划计算机软硬件技术主题专家组组长、国家"十一五"863计划信息技术领域专家组组长、"十二五"863计划专家委员会成员。

刘峰，北京交通大学计算机与信息技术学院教授，高速铁路网络管理教育部工程研究中心主任。曾任863计划智能计算机主题（306主题）第五届专家组成员。中国通信学会通信软件专委会成员，中国铁路总公司科技咨询专家，教育部铁路运输与工程教学指导分委会成员兼铁路信息技术教学指导组秘书长。

杨士强，清华大学计算机系教授、学位分委员会主席、国家级计算机实验教学示范中心主任，北京市教学名师；中国计算机学会监事长。曾任清华大学计算机系党委书记、副系主任等职；1997—2001年任863-306专家组组长助理。

李明树，中国科学院软件研究所研究员，现任中国科学院通用芯片与基础软件研究中心主任。曾任中国科学院软件研究所所长，历任国家 863 计划智能计算机系统主题（306 主题）专家组组长助理；"十五" 863 计划计算机软硬件技术主题（11 主题）专家组副组长、成员，信息技术领域专家委员会成员。

梅宏，中国科学院院士，现任北京理工大学副校长、教授，曾任北京大学信息科学技术学院院长，上海交通大学副校长。历任 "十五" 863 计划计算机软硬件技术主题（11 主题）专家组成员，"十一五" 863 计划信息技术领域专家组成员，"十二五" 863 计划先进计算技术主题专家组召集人。

唐志敏，中国科学院计算技术研究所研究员、博士生导师。曾任 "九五" 863-306 "国家高性能计算环境" 重大项目技术总体组成员、"十五" 863 计划计算机软硬件技术主题（11 主题）专家组成员。

　　黄永勤，江南计算技术研究所研究员，曾任江南计算技术研究所所长，"十五"国家863计划计算机软硬件技术主题专家。

　　徐波，中科院自动化研究所研究员、所长，长期从事语音语言信息处理和类脑智能研究。历任"十五"863计划计算机软硬件主题（11 主题）专家组成员，"十一五"863计划信息技术领域专家组成员等。

　　方滨兴，中国工程院院士，中国网络空间安全协会理事长，中国电子信息产业集团首席科学家，信息内容安全技术国家工程实验室主任。长期致力于计算机网络以及网络与信息安全的理论与技术的研究，获得国家科技进步一、二等奖 4 项。曾任北京邮电大学校长，"十一五"863计划信息技术领域专家组成员。

陈左宁，计算机系统软件专家，2001年当选中国工程院院士，2014年当选中国工程院副院长。

长期致力于国产自主可控计算机系统软件和高性能计算机系统的研发，主持或参与主持了多项国家和军队重大科技专项工程。先后担任国家863计划"十五"、"十一五"、"十二五"信息技术领域专家委员会委员，并牵头承担了国家"基于高效能计算机的虚拟化技术研究"、"网络计算操作系统开发环境与客户接入终端"、"云服务和管理平台共性基础核心软件与系统"等项目的研制。

吴朝晖，浙江大学计算机科学与技术学院教授，浙江大学校长。国家杰出青年科学基金获得者（2005），何梁何利科学与技术创新奖获得者（2011），国家973计划首席科学家（2013）。曾任"十五"863软件重大专项专家组成员、"十一五"863信息领域专家组成员、"十二五"现代服务业重点专项专家组组长。长期从事人工智能、服务计算、普适计算等领域相关研究，获国家技术发明二等奖1项（排名第一）、国家科技进步二等奖1项（排名第一）、省部级科技进步一等奖4项。

孟丹，研究员，博士生导师，现任中国科学院信息工程研究所所长，中国网络空间安全协会副理事长，中国保密协会副理事长，中国计算机学会信息保密专委会主任。国家863计划"十一五"信息领域专家组成员。长期从事计算机系统结构方向的研究工作，从事自主可控、安全可靠核心信息技术设备研制与应用推广，先后参与领导了国产高性能计算机曙光2000、3000、4000和领域专用计算机等信息领域核心技术设备研制与应用，作为项目负责人先后承担了国家"核高基"重大专项、863计划、国家自然科学基金等科技与工程项目。历任中国科学院计算技术研究所副所长、中国科学院高技术研究与发展局副局长和中国科学院信息工程研究所副所长、所长。

先后获国家科技进步二等奖3项，中科院杰出科技成就奖和科技进步一等奖各1项，国务院政府特殊津贴专家，"国家百千万人才工程"入选者，被授予"有突出贡献中青年专家"荣誉称号，获评中国科学院特聘研究员(特聘核心骨干)。

廖湘科，中国工程院院士，现任国防科学技术大学计算机学院院长，研究员。历任"十五"863计划软件重大专项专家组组长，"十一五"863计划信息技术领域专家组成员。

王恩东，中国工程院院士。现任浪潮集团首席科学家，高效能服务器和存储技术国家重点实验室主任，主机系统国家工程实验室主任，曾任 863 计划信息领域专家，中国计算机学会副理事长等职。

长期从事计算机系统结构设计、关键技术研究和工程实现工作，是我国服务器技术领域带头人和产业开拓者。建立了我国高端容错计算机技术体系，主持研制了我国首台 32 路高端容错计算机并得到广泛应用，为该领域自主创新、技术进步和产业发展做出重大贡献。发表论文 22 篇、出版专著 3 部，授权中国和美国发明专利 26 项。获国家科技进步一等奖 1 项、二等奖 2 项，省部级科技进步奖 7 项，曾获何梁何利科学与技术创新奖、山东省科学技术最高奖。

谢向辉，研究员，博士，博士生导师。数学工程与先进计算国家重点实验室常务副主任，江南计算技术研究所发展战略研究中心主任，国家 863 计划先进计算主题专家，"九五"、"十五"、"十一五"和"十二五"国家 863 计划高性能计算机及应用环境重大项目总体组专家。参与国家高性能计算重大项目（E 级计算）和云计算等重点科技专项规划。

长期从事计算机体系结构研究，先后参加过多台超级计算机系统的研制，多次主持完成超级计算机系统预研和总体方案拟制，创新性提出片上融合众核处理器架构、大规模多态复合计算机体系结构、可重构微服务器集群系统等，在超级计算机体系结构、超高性能处理器、高速互连网络、分布式计算系统、微服务器系统等方面取得一系列研究成果。获得国家科技进步特等奖、一等奖、二等奖，省部级科技进步一等奖、二等奖，享受政府特殊津贴。近年在国内外核心期刊和国际国内会议上发表论文 40 余篇，申请并获得国家发明专利 30 多项，培养硕士博士 40 余人。

金海，博士，华中科技大学教授、博士生导师，长江学者特聘教授，国家杰出青年基金获得者，"十二五"国家 863 计划信息技术领域主题专家组专家、"十一五"国家 863 计划"高效能计算机及网格服务环境"重大项目专家组成员。973 计划"计算系统虚拟化基础理论与方法研究"、"云计算安全的基础理论和方法研究"首席科学家、教育部重大专项"中国教育科研网格 ChinaGrid"计划专家组组长。主要研究领域为计算机体系结构、计算系统虚拟化、集群计算和云计算、网络安全、对等计算、网络存储与并行 I/O 等。研究成果获国家科技进步二等奖 2 项、国家技术发明二等奖 1 项、国家自然科学四等奖 1 项、教育部科技进步/技术发明一等奖 3 项、湖北省科技进步/技术发明一等奖 2 项。

左德承，博士，教授，哈尔滨工业大学计算机学院副院长。"十二五"国家 863 计划信息技术领域主题专家组专家，国家 863 重大项目"高端容错计算机"总体专家组组长。

黄河燕，教授，博士生导师，现任北京理工大学计算机学院院长，兼任中国人工智能学会和中国中文信息学会副理事长、教育部计算机教学指导委员会委员。历任"十二五"国家 863 计划先进计算技术主题专家组成员、"十三五"国家重点研发计划专家组成员。

办公室成员及主要参与者

863 计划智能计算机系统（306）主题

王秀英	钱跃良	张合庆	薛砚圭	李　刚	钟京华
刘德平	褚诚缘	谢　萦	黄希研	吴　敏	周百皓
靳晓明	石宇良	杜　梅	姜　昕	彭科荣	张　楠

主题活动（照片）

◀智能机主题发展战略研讨
▼

◀国际合作

▲863 重大项目与英国 eScience 计划签订合作备忘录–2004

项目验收▶

◀网格重大项目成果发布

曙光 5000 验收 ▶

◀普适计算项目中期检查

▲数字媒体基地揭牌仪式

863 计划课题验收专家组在河北香河实地考察课题成果应用情况，图为验收专家组在香河县钳屯乡考察 ▶

▲ 专家组深圳研讨

◀ 专家组合影

▲专家聚会与研讨合影

成

果

篇

从"一项863科研成果"到"一家上市公司"

——863计划30周年曙光公司成长纪实

国家高技术研究发展计划（863 计划）是我国的一项高技术发展计划。高性能计算作为计算系统金字塔的顶端，是863计划重点支持的领域之一。1993 年 10 月，原国家科委主持召开了863 计划信息领域智能机主题重点项目"曙光一号智能化共享存储器多处理机系统鉴定会"。在中科院计算技术研究所研究员、中国工程院院士李国杰带领下，我国自行研制成功第一台采用对称式多处理机结构（SMP）系统的并行计算机曙光一号，实现了在该领域技术上零的突破。

依托曙光一号的科研成果，曙光信息产业股份有限公司（简称曙光公司）于1996年正式成立，经过20年的发展，从最初一个科研团队发展为1500余人、市值200亿元的高新科技企业。2014 年 11 月，曙光公司在上海证券交易所成功上市（股票简称：中科曙光，代码：603019），在高新科技成果产业化和市场化发展过程中迈出了坚实的一步。真正实现了高新科技产业化和市场化的发展，可以说是863 计划科研成果转化中最具代表性的案例之一。

（一）诞生于 863 计划的曙光纪元

曙光公司的诞生即是依托于 863 计划的成果。

1993 年，在原国家科委 863 计划和中科院计算所国家智能计算机研究开发中心的支持下，我国自行研制的第一台采用 SMP 系统的并行计算机曙光一号诞生。诞生三天后，由美、英、日等发达国家组成的"巴黎统筹会"组织宣布解除 10 亿次高性能计算机对中国的禁运，从此长达几十年外国巨头技术封锁的耻辱得以雪耻。曙光一号也因此获得了包括中科院科技进步特等奖，国家科技进步二等奖等荣誉。

通过曙光一号的研发，中国电子信息产业的发展找到了突破口和切入点。1994 年，曙光一号作为国内科学技术的主要成就之一，被写入当年李鹏总理的政府工作报告，两院院士王大珩评价"高性能计算机的作用不亚于两弹一星"，中国工程院院士、原中科院副院长胡启恒称其"咬住了世界高性能计算机的尾巴"。

随着解禁令的下达，我国高性能计算产业商业化的时代也来了。几年不到，中国 95% 的市场已经属于商业化领域。基于这种情况，国家马上做出了决策：中国 HPC 产业要做大做强，必须抢占商业领域。

在中科院计算所的支持下，曙光公司正式成立。依托曙光一号的技术积累（见图 1），曙光公司开启了技术成果产业化发展的新路子。可以说，正是在国家 863 计划支持与推动下，曙光公司才得以从一个高性能计算项目发展成为一家企业，从而开启了中国高性能计算机产业化发展的道路。

图 1 曙光一号

（二）中国高性能计算产业走向全面发展

在 863 计划启动的二十多年间，各项高性能计算基础设施建设得到了持续资助，取得了一大批达到世界先进水平的产业成果，培养了一大批具有自主创新精神的高性能产业人才。曙光系列高性能计算产品的研发也获益于 863 计划，正是在该计划的支持下，这些关键产品一步步推动着中国高性能计算产业的发展，同时也确立了曙光公司在中国高性能计算领域的领军地位。

继曙光一号之后，曙光 1000、曙光 2000、曙光 3000 相继问世，曙光系列产品的研发为我国当时的信息化建设提供了强有力的工具，是国家 863 计划在信息领域的重大成果，标志着我国高性能计算技术和产品正在走向成熟，成为国民经济信息化建设的重要装备。

2004 年，作为国家 863 计划的最新成果，我国首台每秒运算超过 10 万亿次的高性能计算机——曙光 4000A 诞生（见图 2），并代表中国首次进入全球高性能计算机 TOP 500 排行榜，位列第十位。曙光4000A突破了多项核心技术，更为重要的是，其所具有的面向网格时代的网格使能技术，为我国在即将到来的网格时代具有竞争力提供了基础，成为863计划该专项内最有创新价值的成果。

图 2　曙光 4000A

2010年，曙光公司与中科院计算所、国家超级计算深圳中心联合承担的"十一五"863计划的重大专项任务——曙光"星云"高效能计算机系统(Nebulae)问世(见图3)。它是亚洲和中国首台、世界第三台实测双精度浮点计算超过千万亿次的高性能计算机，在2010年第35届全球高性能计算机500强排名中名列第二，打破了国外高性能计算机独占前三甲的历史，开启了中国高性能计算机的新纪元。

曙光星云高效能计算机系统

图 3　曙光星云

2011年起，863计划开始实施"高效能计算机及应用服务环境"重大项目，目标是配合高效能计算机系统的研制，强化应用，面向科学研究、重要行业和战略性新兴产业发展的重大需求研发重大应用软件，提供丰富的计算资源和方便易用的计算服务，并取得重大应用成果。

在国家863计划相关重大项目的支持下，我国高性能计算机的开发和应用取得了长足的进展，服务于航天、航空、能源、电力、气象、生物、金融、国防等众多领域。曙光"星云"、"天河"等一批国产高性能计算机的投入使用极大地促进了高性能计算机应用水平的提高。在一些新兴学科，如新药材料技术和生物技术领域，高性能计算机已经成为科学研究的必备工具；此外，高性能计算也越来越多地渗透到石油工业等一些传统行业，以提高生产效率、降低生产成本。

近些年来，863计划紧抓中国各行业的信息需求，通过推动中国高性能计算产业的快步发展，带动以曙光公司为代表的自主创新型企业，让高性能计算走出实验室，广泛应用于国民经济的各个领域，让高性能计算变得和我们的生活更加息息相关，也孕育了大量的高性能计算人才，帮助中国高性能计算产业形成健康持续的生态链条。

（三）做时代发展的风向标

作为国内率先发展的自主创新型企业，曙光公司在2014年迎来了公司的新起点——成功上市。通过多年的积淀，曙光公司在云计算、大数据、高性能计算、云存储、通用存储等多个重要领域斩获颇丰，上市后加速转型成为掌握众多关键核心技术的信息系统综合服务提供商。

多年来，863 计划始终瞄准世界前沿科学技术，紧扣时代脉搏，不断探索、与时俱进。中国高性能计算领域经过几十年的飞速发展，已经形成了比较完备的体系。2015 年，863 计划部署了新一代高性能计算机系统、应用社区、典型行业应用软件开发等课题；重点支持 E 级超级计算机新型体系结构与关键技术预研和高性能计算重大应用工具集研发，为"十三五"高性能计算机的研制打下基础。中科曙光 E 级超算原型机见图 4。

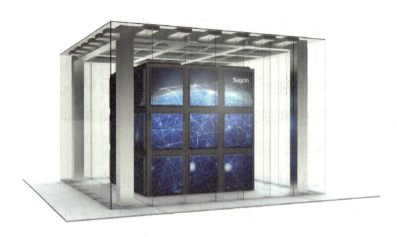

图 4　中科曙光 E 级超算原型机研发项目

在 863 计划的支持下，国家首个 EB 级云存储实验室在曙光公司建立，更是在业界引起了广泛关注。曙光公司自主知识产权的 EB 级云存储系统是下一代云计算关键技术与系统重大项目体系的重要组成部分，是云计算系统的基础支撑部分，对云计算系统的运行效率、可靠性、可用性、安全性等各项性能指标有着至关重要的影响。研发自主知识产权的 EB 级云存储系统具有重要意义。

随着云计算服务模式的兴起，云计算产业作为新兴业态来到高速发展期，863 计划也提出了相应的项目政策。在政策的支持下，曙光公司首款面向云计算的高密度融合架构服务器产品——"星河"正式问世，在体系结构、能耗比、整体服务能力和关键技术上实现了创新突破，专门面向云计算应用研发，可以完美解决亿级并发处理问题。

实践证明，863计划在事关国家长远发展的重要高技术领域，把具有战略性、前沿性、前瞻性的高技术方向作为突破口，集中优势力量，持续攻关，实现了一系列重大技术突破，极大地提升了我国高技术的创新能力。

（四）863精神激励科技人续写新篇章

今年是863计划启动的第30年。作为我国科技发展的国家级项目计划，863计划不断探索推动了高技术成果产业化的道路，实现了企业、研究院所、大学三大创新主体互动共赢、共同推进的转变，积极探索培育企业为主体、产学研结合的技术创新体系，有力推动了我国高技术的发展及其成果的应用，使我国在信息、航天、生物等各个领域取得了备受瞩目的成就。高性能计算技术取得重大突破，更离不开该计划的有力支持。正是在863计划的指导方针下，曙光的高性能计算和相关技术才获得了长期的可持续发展。

在关键行业和领域的国产化替代进程中，曙光公司更是以一系列自主可控的技术和产品，为保障国家信息安全提供了坚实保障。从高性能计算到云计算、大数据，从实验室里的科研成果到遍及政府、能源、金融、电信、互联网、航空、航天、教育、环保等国计民生各领域的广泛应用，在863计划的扶植和引导下，曙光公司成功实现了科研成果的产业化发展。

同时，863计划带来的不仅是国家科技实力的增长机会，更传承了我国科技工作者"公正、献身、创新、求实、协作"的863精神。不盲目跟踪国外技术，立足中国的战略需求，敢为天下先，这也是我国高性能计算技术取得跨越式发展的一个重要原因。相信在未来，中国科技力量的身影将会越来越多的出现在国际舞台，成为无法撼动的一支主力军！

高端容错计算机——浪潮集团成果简介

高端容错计算机，是指具有高可靠性和强大信息处理能力的大型计算机系统（见图 1）。作为信息化的重大战略装备，承载着金融、能源、交通等国家关键性基础设施的核心信息系统，广泛应用于银行的储蓄业务系统，汇兑结算系统，银联信用卡交易结算系统，证券交易系统和证券报价系统，电信领域的网管系统，电力行业的调度系统，民航领域的空管系统和机场出港系统等，其高信息处理能力和高可靠性保证了系统的核心服务器保持长期正常运转，确保了社会的安定和经济的正常运行。

图 1　高端容错计算机

高端容错计算机的研制是集高可扩展体系结构、超大规模ASIC、复杂硬件系统和高可用操作系统等核心技术为一体的系统工程，长期以来，美国在该领域对我国实施严密的技术封锁和绝对的产业链垄断，2010 年以前我国的高端容错计算机全部依赖进口，用户被强制绑定，信息主权丧失，严重威胁我国经济运行安全和国家战略安全。

为了破解高端容错计算机缺位的困局，"十一五"期间国家 863 计划将高端容错计算机列为战略必争的重大项目，在 863 计划的支持下，"浪潮天梭高端容错计算机研制与示范应用"课题经过多年持续攻关，在高端容错计算机体系结构、高速缓存一致性协议设计、核心芯片组设计、复杂硬件系统设计以及容错操作系统等关键技术方面取得了重大技术创新与突破，研制完成国内首台 32 路高端容错计算机系统（浪潮天梭 K1 系统）。该系统支持 256 处理器核心，4～8TB 全局共享内存，内存总带宽 1177.6GB/s，系统互连总带宽 1088GB/s，I/O 总带宽 675GB/s，联机事务处理能力达到国际先进水平。系统实现动态硬件分区、处理器互连链路冗余/自适应路由、内核级进程冗余等多种容错技术，可用度达到 99.9994%。该成果已广泛应用于金融、能源、交通等关键行业，并出口至津巴布韦等多个国家，获得了 2014 年国家科技进步一等奖。

高端容错计算机系统的成功研制，填补了国内空白，是我国在战略必争信息化核心装备领域的历史性突破，打破国外长期垄断，为国家实施国产化替代工程提供支撑，使我国成为三个有能力研制此类系统的国家之一，对国家关键性基础设施信息系统摆脱美国控制具有重大战略价值。

雪中送炭 不辱使命，锦上添花 成就梦想

——记汉王科技与 863 计划同行 30 周年

30 年前的 1987 年，在中科院自动化所读博士的汉王科技创始人刘迎建获得了他技术生涯中第一个 863 资助项目——"脱机手写汉字样本采集与识别"，该项目成果获得 1992 年度中科院自然科学一等奖。从那时起至今，刘迎建与他的汉王团队先后获得了十多个 863 项目资助。863 计划作为国家级高科技发展的顶层计划，对汉王科技扶持和帮助，在汉王结出了累累硕果："汉王形变连笔的手写识别方法与系统"处于国际领先水平，荣获 2001 年度国家科技进步一等奖，在国内外汉字识别市场树立了第一品牌形象；绘图板技术达到业界顶峰，打破了竞争对手的技术垄断；"汉王 OCR 技术及应用"达到国际先进水平，荣获 2006 年度国家科技进步二等奖；在数字阅读技术领域汉王科技目前排名全球第二，国内第一位；手写笔迹输入技术达到业界顶峰，全球仅两家公司拥有该项技术；人脸识别技术处于国际先进水平，国际大赛稳居前三……

可以说，汉王科技的酝酿、创立、发展、壮大的过程，离不开勇于开拓的创新意识，离不开艰苦奋斗的创业精神，离不开 863 计划的项目资助。30 年来，汉王科技作为民族 IT 企业，与 863 计划同行，在模式识别、信息技术、智能人机交互等领域取得骄人业绩，为中国在世界科技发展领域占有一席之地贡献了一份力量。

图 1　汉王大厦

纵观汉王科技公司的整体发展，863 计划对汉王的资助分为三个阶段，即公司创立前（1992 年前）、公司创立初期（1992 年至 1998 年）及公司壮大期（1998 年至今）。

（一）公司创立前——863 课题组成果荣获 1992 年度中科院自然科学一等奖，哺育幼苗，汉王以"敢为天下先"的勇气，酝酿成立公司

863 计划对汉王公司创始人刘迎建的课题支持源于脱机手写汉字识别技术研究。从上述的第一个项目开始，陆续又有 1990 年的"基于神经网络的脱机手写汉字识别系统研究"等项目获得了 863 资助。课题组主要经费来源是 863 计划的经费，占比达 80%以上。

时至今日，脱机手写识别技术仍未到实用阶段，是文字识别领域最难啃的硬骨头。当年由于计算机未普及、智能拼音输入法未完善等原因，曾经把脱机手写识别当作大众群体的汉字输入解决方案。

　　为了提高识别率，刘迎建及其课题组先后研究了结构模式识别方法、统计模式识别方法、基于神经网络的识别方法，构建了多个识别引擎以及集成判别策略，对稿纸上的工整手写汉字的识别率达到了 90%以上（见图 2）。

　　1991 年课题研发期间，由于每个偏旁部首、每个汉字都需要构建神经网络进行大样本的计算，而课题组的计算资源远远不够。当年买一台 386 微机要 3 万多元人民币，863 课题费实在买不了几台 386 微机。课题组向 863 计划 306 办公室反馈之后，306 办公室协调中科院计算所的 863 并行计算机项目组，向课题组开放计算资源。结果大半的神经网络计算，在并行计算机上不到 2 个月的时间内完成了，为课题组节省一半的时间。

图 2　刘迎建进行汉字识别的研究开发工作

　　值得一提的是，刘迎建的夫人徐冬青老师一直是课题组关键的编外成员，她利用单位工作外时间，负责偏旁部首到整字识别的集成。课题期间，徐老师大龄怀孕。当时的 CRT 显示器辐射量挺大的，又没有现在这么多的防辐射装备，徐老师想办法找了一只铜盘子，放在腹部保护胎儿，在孕期产后坚持课题研发。古人语"古之立大事者，不惟有超世之才，亦必有坚忍不拔之志"，大家都说，刘总一家都在为 863 课题做奉献（见图 3）。正是这种坚忍不拔、锲而不舍的精神，为公司艰苦的自主创新工作和公司迎接市场挑战的艰苦创业奠定了基础。

1991 年底，课题组提请 863 组织专家召开鉴定会，以汪成为先生为组长的鉴定专家们一致认为，课题组在脱机手写汉字识别领域达到了国际领先水平，该成果荣获 1992 年度中科院自然科学一等奖。脱机手写识别研究挑战了汉字识别领域最难的课题，完成了以后公司核心算法的研究积累，以及公司初创的研发队伍储备。可以说，该成果的成功取得为今后成立汉王公司提供了强有力的技术保障。

图 3　刘迎建与夫人徐冬青

（二）公司创立初期——公司生存发展关键时刻，两个863 项目申请获批，雪中送炭，汉王以"争当排头兵"的艰辛，推出成型产品，占领市场，推广技术

1992 年底，课题组响应中科院把研发成果转化为应用产

品的号召，正式挂牌成立了科技公司，当时公司命名为"汉王99"，意即我们在汉字识别上率先突破了99%的识别率。

一个纯研究型的课题组正式下海，能做什么产品、用户能不能接受、公司能不能生存，这是公司创业初期摆在大家面前的重大问题。经过认真分析研究，显然脱机手写汉字识别产品演示效果不错，但不能满足用户的手稿输入需求，销售量不大，如何在激烈的市场中生存，刘迎建很快做出重大决策，继续加大自主创新力度，开辟新的研发方向，与时俱进，研发印刷体汉字识别产品。

公司生存发展的关键时刻，两个863项目申请获批了。一个是"笔顺不限的连笔联机手写汉字识别系统"，另一个是"百万印刷体汉字样本采集"。前者应用脱机手写汉字识别中的部分识别方法，对刘迎建以前的联机手写识别算法进行改造与升级；而后者虽然经费不多，只有10万人民币，但具有准入OCR领域的象征意义，这也体现了863计划在对待科技创新上的宽容与理解。

这两个项目的顺利实施，使公司在1993年快速完成了在手写笔、OCR方向的技术积累，开发了两个主打产品，即汉王笔、汉王OCR。经过两年的识别技术提升、产品升级换代，1995年汉王笔国内销量第一，公司经营实现了盈利。

在识别技术升级换代的过程中，863计划发挥了重要的促进作用。汉王技术人员在刘迎建的带领下，"争当排头兵"，加班加点，在863计划两年一次的863人机交互技术大测评中取得最好的成绩，汉王蝉联脱机手写识别、联机手写识别第一名。1996年，汉王公司汉王笔新硬件、新版本上市，随后带IBM语音识别的汉王听写上市，以产品性能优势基本上打压住了两个品牌（台湾蒙恬笔迹及摩托罗拉慧笔）的攻势，实现刘迎建的目标——我们是联机手写识别的国家队（我们是土生土长的中国人，了解中国人的书写习惯），汉王有信心、有能力当好这个国家队。经过市场竞争的洗礼，汉王笔识别技术以识别率最高、用户手写适应性广、识别内核小、识别速度快等优点，在国内外市场竖立了第一品牌形象，并陆续获得了商务通、名人等 PDA 产品的手写授权，以及微软公司中文 WinCE 上的手写授权，成为当之无愧的国家队。

中华民族所承载的几千年的华夏文明，这是我们的骄傲。然而计算机的出现向这一古老的文明发起了挑战，国内、东南亚等华语地区汉字输入与处理面临重大难题，这一难题是从事汉字识别系统研发者所肩负的重任。汉王科技人员不负历史使命，心怀民族情愫、为民志向、汇聚智慧，开发出的系列产品彻底改变了汉字输入的原有格局，人们在计算机上输入汉字不用再背诵编码规则，寻找字键，只要拿起笔在书写板上写汉字，计算机便能自动识别并记录下来，减轻了人们的记忆负担，而且一边写一边思考，符合人们的书写习惯。特别是 1960 年前出生的老一代中国人，对汉语拼音不熟悉，汉字手写板输入深受这一代老年人的欢迎和喜爱。1996 年 4 月，在国家 863 计划十周年成果展览会上，国务院李鹏总理、李岚清副总理等中央领导同志参观汉字识别系统，并亲自试用了系统。之后汉王公司还登门为领导同志安装手写输入系统，让老同志在使用电脑方面更加便捷，获得很多老领导的喜爱和赞赏。

汉王公司在 1997 年快速发展，不断自主创新、自主研发，在所从事的研发领域，凭借雄厚的技术研发实力，在各个方面都有创新和突破，取得产品化的累累硕果，并迅速占领市场，保持市场占有率。公司迎来壮大期。

（三）公司发展壮大期——863 计划继续支持，锦上添花， 汉王在生物特征识别领域等获得 863 产业化项目， 以"生命不息、奋斗不止"的豪情，成就梦想

1998 年 10 月，汉王公司完成了从全民所有制企业到有限责任公司的改制。历年从国家获得的课题经费，由中科院自动化所代表国家持有股份，公司进入发展壮大期。

恰好这一时期 863 计划除继续支持关键核心技术研发之外，还加强了产业化项目的支持力度。汉王的部分产业化项目符合 863 计划的产业化要求。同期汉王公司重新制定了公司发展战略，继续深入自主创新，拓展文字识别应用产品，牢固奠定汉王在中文识别领域技术与市场的领先地位。确定目标成为国内智能识别领域（含文字识别技术）以及人机交互领域的产品与服务提供商。

汉王董事长刘迎建带领科技人员不懈努力，在 863 产业化项目的大力支持下，在深化汉王笔手写技术方面，10 年来做了 3 件重要拓展工作。

一是拓展汉王手写识别授权，为手写设备厂商提供最好的手写技术与最贴心的研发服务。1998 年起，几乎所有的中文手写 PDA、手写手机（摩托罗拉、苹果手机除外）都采用汉王手写技术，拷贝数量超过 1 亿份。此技术获得 2001 年度国家科技进步一等奖的殊荣，见图 4。

在这期间的汉王科技公司，把汉字识别的推广作为自己最大的责任，誓言要让手写输入成为电脑的标准配置，提出了"非键盘输入的全面解决方案"，并为此投入了巨大的市场资源， 在中

老年人群中形成大批忠诚用户，在青少年人群中以"手写PK键盘"的输入大赛来获得年轻用户的信赖，正因为有了这样的技术和产品的推广，手写输入的方式在今天的所有的智能终端设备上成为标配（见图5），这也应该是863计划在汉王识别技术的推广应用上的初衷之一。

图4　汉王形变连笔的手写识别方法与系统获得2001年度国家科技进步一等奖

图5　汉王手写输入技术应用在智能终端设备

　　二是提升手写板硬件技术，研发电脑绘画、动漫创作专用的、有压力感应的绘画板（见图6）。从2004年立项开始，经过

2 年艰苦研发，2006 年正式上市。目前已经成为全球第二大绘画板品牌。

三是在绘画板技术成熟的基础上，研发集成型的手写板主控芯片，推出电磁感应式的手写硬件模组。目前，汉王手写模组已经授权给多个品牌的安卓平板、手写屏，成为汉王新的业务增长点。其中绘画板项目得到了 863 计划的产业化项目支持。

图 6 汉王绘画板产品

在深化汉王 OCR 技术应用方面，10 年来做了 5 件事。

一是把卖 OCR 纯软件，转变为打包卖"OCR 软件+扫描仪硬件"的 OCR 套装产品，并实现了"一键自动扫描识别进 Word"的傻瓜式操作。这一点点产品思路的变化，找准了 OCR 用户的真正需求，使汉王 OCR 产品打开了销路，在总销售收入上，接近了汉王笔，成为汉王公司的另一产品支柱。

二是开发名片识别产品——名片通，填补了国内的空白。

三是开展了车牌识别研究，开发了汉王眼系列车牌识别产品，广泛用于停车场管理、道路监控等交通管理领域，是国内此行业的第一品牌。

四是开发了 OCR 扫描识别的字典笔、翻译笔，也填补了国内的空白。

　　五是开拓了 OCR 扫描识别输入服务。凭借汉王在识别方面的优势，在古籍输入、老印刷品输入、档案录入上有很强的竞争力，是当前国内录入市场上的强势新军。

　　其中第二、三、四项目获得了 863 计划的产业化资助。

　　科技人才是提升自主创新能力的核心要素，863 计划有效优化了科技人才结构，汉王公司合并了 863 计划 306 办公室支持下的另一个 OCR 研发团队，即国家智能中心以刘昌平博士为学术带头人的 OCR 研发团队。两个 OCR 队伍合并之后，在刘昌平博士的主持下，融合两家之长的汉王 OCR 技术很快实现了全面超越。在 2000 年 CHIP 杂志举办的全球中文 OCR 软件评测上，汉王 OCR 识别率第一。此后，汉王 OCR 牢牢占据技术第一的制高点，为汉王 OCR 技术的各项深化应用奠定了技术与团队的坚固基础。"汉王 OCR 技术及应用"在 2006 年获得了国家科技进步二等奖（见图 7）。刘昌平博士现任汉王公司 CEO，也是 863 计划中从学术带头人转型为企业家的成功典范。

图 7　汉王 OCR 技术及应用获 2006 年国家科技进步二等奖

　　汉王在 1999 年开始组建指纹识别团队，开始了在生物特征识别领域的拓展。2000 年，申请并获批了"汉王指纹考勤机"863

产业化项目，开始了在考勤机市场的征战。2006年，汉王又启动人脸识别研究，开发、研制人脸识别考勤机，也获得了863产业化支持。目前，人脸识别成为汉王公司的支柱产品之一（见图8）。

图8　汉王人脸识别考勤机

2010年3月，汉王科技在深圳证券交易所正式挂牌上市，掀开了汉王发展的新篇章（见图9）！

图9　汉王科技在深圳证券交易所正式挂牌上市

汉王公司与863计划同行的上述三个阶段，不仅在技术上取得了诸多突破，而且为国家争得了荣誉和光荣。汉王也将站在更高的起点上，再接再厉，永不停步地前进。"生命不息，奋斗不止"，创新永远没有止境，创新是汉王持续不断的发展过程。汉王的科技工作者们将进一步把汉王的技术、产品再推上一个新的高峰，努力把汉王事业做得更大，为国家做出更大贡献。

（四）以手写输入彰显汉字文明的
伟大力量，汉王不辱历史使命

国家 863 计划至今已实行 30 年，回顾计划初期国家正处于改革开放之初，国际上美国对我国经济、技术的封锁，人民工作、生活百端待举，863 计划如第一股春风，吹开了科技界的创新意识，作为科技振兴、科技强国的顶层设计，863 最初考虑汉字输入与计算机科技的融合与普及，汉王作为这一领域的顶尖技术公司，得到多项 863 计划的支持。汉王科技人员不断自主创新，不辱历史使命，在文字识别领域取得骄人业绩，为汉字文明在计算机领域的普及以及延续做出了积极贡献，将汉字手写输入技术融入了当代世界的智能终端。目前，几乎所有智能终端设备都会把手写输入作为标准配置，这就使汉字文明真正嵌入到当代世界科技发展的前沿，并成为承载信息文化的不可或缺的载体。可以说，汉王人完成了 863 计划所赋予汉字输入领域的重大的历史使命！

（五）863 计划以创新创业的探索和实践，昭示商业社会的基本逻辑和伟大梦想，为建设创新型国家做贡献

863 计划实施 30 年后的今天，大众创业、万众创新的号召遍布神州，国家科技能力整体提升，汉王等民族高科技企业的自主创新技术在国际上领先，一定程度上促进了我国各行业的技术发展和进步，增强了国际竞争力。而在新的互联网技术革命的浪潮中，以阿里巴巴、腾讯、百度等为代表的中国本土的高科技企

业已经改变了整个世界的科技和商业格局，深刻地影响了世界的发展和人们的生活方式，而这些正是 30 年前 863 计划最初播撒的种子得以开花结果，正是 863 计划高瞻远瞩的充分体现。

在汉王和 863 计划同行的三十年中，除了科学技术的长足进步，我们同时收获了一群具备创新意识和创业精神的企业家群体，而这种精神和意识的传播，深刻影响和塑造了当今中国的企业家，才会有了中国企业，尤其是高科技企业奋勇争先，直接参与国际竞争并占有一席之地的局面；我们也同时收获了在当今看来理所当然的现代商业模式，风投、并购、融资，这些概念在 863 计划的实施中都已看到发展的雏形，这种商业模式的探索和实践在汉王与 863 计划的合作中比比皆是，而这已经成为当前社会公认的商业操作模式；我们同时看到，创新创业的浪潮已经成为中国当代社会发展的主旋律，而在 30 年前，是 863 计划通过 863 评测、搭建人机交互领域的交流平台以及各级学术刊物、召开全国性的学术会议把这种意识带给了中国的科技精英群体，年轻一辈的科技工作者不断进步，逐步成为教授、研究员或科技企业家，并带动企业的发展，进而塑造了当今的市场和企业生态。可以说，863 计划作为最初科技振兴、科技强国、科技报国的顶层设计，不仅从科技进步角度，也从整个社会发展角度，在世界科技一体化进程中使我国技术落后领域的科技水平快速与国际接轨，使科技人才培养及科技人员结构逐步与国际高技术国家接轨，推动了中国的现代化发展，为建设创新型国家的重大战略做出历史贡献。

有一种坚持叫执念于心，有一种奋进叫砥砺前行，汉王的科技工作者们将不忘初心，继续前进。"长风破浪会有时，直挂云帆济沧海"，汉王人定将不负历史使命，再谱新篇。

863 成果产业化——拓尔思

（一）公司简介

北京拓尔思信息技术股份有限公司是国内领先的大数据技术和服务提供商，注册资本 4.66 亿元，是国家规划布局内重点软件企业，2011 年在深圳证券交易所创业板上市（股票代码 300229），是第一家在 A 股上市的大数据技术企业，公司市值超过百亿元人民币。已经发展成员工过千，净利润过亿的高技术企业。

拓尔思是中国智能搜索技术的领导者，中国非结构化数据智能处理市场占有率第一，并率先实现了中文自然语言处理技术的产业化。作为中国领先的大数据技术和服务提供商，拓尔思以自身创新发展和产业整合并举，坚持"技术+服务"的双轮驱动战略，自主研发推出了海贝大数据管理平台和水晶分布式大数据分析平台，拥有大数据分析挖掘云服务平台，为政府、媒体、安全、金融、教育、大企业等领域提供有竞争力的大数据应用解决方案，同时还投资了数个大数据产业基金。

公司发展至今拥有 10 多家全资、控股或参股子公司，并在全国设立了 20 多个分支机构，产品线覆盖大数据基础平台、行业应用和数据交易服务三大价值链，并已为上万多家高端客户提供持续的技术和数据分析服务。

公司获得国家科技进步二等奖，上海市科技进步一等奖，北京市科技进步三等奖等多项荣誉，拥有北京市重点实验室、北京市工程技术中心、企业博士后工作站、军方四证等。

(二)863 计划的支持情况

拓尔思的前身北京易宝北信信息技术有限公司最早于 1996 年获得第一个 863 计划项目的支持，迄今共获得 6 个 863 项目的支持(包括一个"十一五"重点项目)，课题情况如表 1 所示。

表 1　拓尔思获得的 863 项目列表

时间	课题名称	课题编号	经费
1996 年	智能化多媒体信息浏览与检索系统	863-302-02-02-1	20 万
1997 年	智能 Intranet/Internet 搜索引擎	863-306-ZD-10-2M	20 万
2005 年	奥运多语言综合信息发布系统	2004AA117010-01	60 万
2006 年	奥运网站信息自动采集、分类与服务系统	2004AA117010	70 万
2006 年	跨媒体搜索关键技术研究及服务产品开发	2006AA010105	193.6 万(拓尔思部分)
2015 年	面向基础教育的知识能力智能测评与类人答题验证系统	2015AA015409	186 万(拓尔思部分)

(三)在 863 计划支持下形成的核心技术

1. 全文检索技术

全文检索技术是搜索引擎后台最重要的基础技术之一，拓尔思公司的创业者们在 1987 年就开始在北京信息工程学院(现为北京信息科技大学)从事信息检索技术的研究，是国内最早开展中文全文检索技术的单位之一，其成果 TRS 全文检索系统相继被新华社和人民日报社采用，在业界取得了一定的影响，并因此于 1996 年获得了第一个 863 计划项目支持。1996 年以张效祥、杨芙清等院士为首的专家委员会对 TRS 全文系统进行了成果鉴定，认为 TRS 中文按词全文检索、相关性排序原则、字词混合索引、海量信息快速检索等四项技术指标处于国际领先水平，并获得当年电子工业部科技进步一等奖。1997 年 TRS 获得国家科技进步二等奖。

TRS 全文检索系统在以后的几年中成功地实现了科技成果的产业化，据不完全统计，国内外有上万家机构客户采用了 TRS 全文检索技术，成为了企业级搜索引擎的事实上的标准，占据了国内 70%的市场份额。近年来开源全文检索技术 Lucene、Solr、ElasticSearch 迅速流行，TRS 在吸收这些开源系统的特点上，继续研发和升级了 TRS 海贝大数据检索引擎，在大数据时代继续引领技术和市场的发展，成为自主可控的非结构化大数据管理的核心引擎。

2. 文本挖掘技术

拓尔思从 2000 年开始研发中文文本挖掘软件包（TRS CKM）并很快推向市场，当时对应的技术产品是 IBM 中国研究中心推出的中文知识管理工具包。经过 2 年的研究及 863 相关项目的支持，很快推出了实用化的 TRS 中文文本挖掘软件包，包括的构件有：文本实体抽取、文本分类、文本摘要、文本相似性检索、拼音检索、相关短语检索、文本信息过滤、文本聚类、常识校对、汉语分词等。这些高级或者说智能中文信息处理技术为实现信息检索的智能化提供了强大的支撑，是国内最早推出的能成熟应用的 NLP 软件包。目前采用知识图谱和基于大数据的机器学习技术正对该文本挖掘技术进行升级优化。典型的应用包括国家知识产权局的专利自动审查系统、新华社新闻自动分类系统等。

3. 内容管理技术

内容管理技术CMS是随着互联网网站兴起而产生的一门新技术，其基本诉求是如何开发一种技术和系统，能够在进行内容分级控制的同时，实现一种满足互联网海量用户的并发访问，拓尔思研发的 TRS WCM 是国内最早的同类系统之一，2005 年和 2006 年，863 项目支持的奥运多语言项目中，支持拓尔思研发"奥运多语言综合信息发布系统"和"奥运网站信息自动采集、分类与服务系统"。这些系统在 2008 年奥运会得到了成功的应用。

TRS WCM 目前已经成为互联网上最成功的信息发布和内容管理产品之一。拥有数千家大型政府、媒体和企业客户，包括中华人民共和国门户、80%以上的部委门户网站、60%的省级政府门户网站以及 70%以上的政府新闻网站均采用了TRS WCM。用户使用 TRS WCM 搭建了各具特色的内部门户和外部网站，很多门户网站在网站评比中脱颖而出。与传统的内容管理产品相比，新一代 TRS WCM 具有更多突破和创新之处，包括支持在云计算架构上进行集群化部署，支持内容管理的云服务模式，这标志着 TRS WCM 已经突破了传统内容管理领域，代表了新一代内容管理的发展方向。

4. 跨媒体搜索技术

多媒体内容搜索一直是难点，拓尔思作为项目支持单位和北京大学、中科院计算所等单位合作联合承担了"十一五"国家 863 计划信息技术领域重点项目"中文为核心的多语言处理技术"项目课题"跨媒体搜索关键技术研究及服务产品开发"。该课题围绕多媒体信息采集、挖掘以及跨媒体信息检索等关键技术问题，研究了分布式信息采集、文本挖掘、图像和音视频分类、敏感图像检测、图像关注度分析、镜头边界检测、视频片段匹配和检索等关键技术，研制完成了跨媒体元搜索引擎 MSearch，跨媒体融合搜索引擎 XSearch 等原型系统，建成了政务、公安、安全、体育等领域总计九百多万条数据的知识库，开发了网络多媒体信息采集 TRS InfoRadar V4.5、满足多种海量信息检索应用的 TRS 全文数据库管理系统 V6.8 及检索集群 TRS Cluster V2.5、文本挖掘 TRS CKM V4.5 等软件产品，实现了能够处理十亿级网络文档规模的跨媒体搜索引擎平台。

在商业化推广方面，目前跨媒体搜索技术已经成功应用在中国外观专利自动审查及商标检索等大型应用中。目前正在使用深度学习技术进一步提升系统的性能。

图 1　863 项目"跨媒体搜索关键技术研究及服务产品开发"成果汇报

5.　大数据管理和分析技术

拓尔思在 863 项目及核高基成果的基础上，近年来开展了大数据管理和分析技术的研究，主要推出了三个产品：TRS 海贝大数据管理平台（TRS Hybase），TRS 水晶分布式数据库平台（TRS Crystal）和 TRS 水晶球分析师平台。

TRS 海贝大数据管理平台是一款基于弹性扩展架构的海量数据存储和检索系统，定位为企业级 NoSQL、企业级检索平台和大数据管理集成平台。其设计目标是数据库方式的管理便捷性，搜索引擎模式的卓越体验，实现大数据存储、管理和检索的高度一体化，提供企业级应用的可靠性、安全性和易用性，满足多源异构数据仓库"非结构化数据的结构化处理、结构化数据的非结构化处理"的技术趋势。技术实现上，融合检索引擎（全文检索）、多引擎机制、分布式并行计算、索引分片、多副本机制、对等节点机制（去中心化）、新型列数据库存储机制、自然语言处理、Hadoop/HDFS 等先进技术，设计新型的非结构化大数据管理系统，为各类非结构化大数据分析应用，提供非结构化大数据高效管理和智能检索的平台支撑。

TRS 水晶分布式数据库平台（TRS Crystal）。大数据应用在大型企业中变得越来越常见，传统关系型数据库已无法满足大数据应用的性能要求，需要一个基于 MPP 的分布式数据库，助力企业数据仓库成为商业智能查询平台，分析历史数据、预测趋势。MPP 数据库在大数据技术架构中的定位将越来越重要，其优势集中在以下几个领域：灾难恢复，数据仓库性能，数据组织以及大数据应用中的数据存储。TRS 水晶分布式数据库平台是一种基于 PostgreSQL 的关系型数据库集群，由数个独立的数据库服务组合成的逻辑数据库。与 RAC 不同，这种数据库集群采取的是 MPP 架构，可线性扩展到 5000 个节点，每增加一个节点，查询、加载性能都成线性增长。主要特性包括：Share-Nothing 无共享存储，按列存储数据，数据库内压缩，MapReduce，永不停机扩容，多级容错等。

TRS 水晶球分析师平台，是一种对应美国 Palantir 的大数据协同平台，具有强大的知识谱图构建和信息可视化展现能力。TRS 水晶球基于本体的构建知识体系的方法，可将结构化、半结构化、非结构化的数据进行统一融合，不仅可以快速发现显性知识和已知关系，还可通过交互探索与挖掘发现隐藏数据和未知关系，最大限度打通人与数据之间的关联，发挥整个资源数据的能力，让大数据真正变成大知识，从而成为大智慧。TRS 水晶球采用云计算技术，内置大数据深度挖掘、统计分析工具，实现对海量信息服务资源的横向关联、快速查询、批量比对，基于图形化的"实体-关联"模型对数据进行建模，并采用优化的可视化数据关联技术，从海量缺少关联的信息中发现关联性的证据链、线索和情报。提供关联分析、网络分析、路径分析、群集分析等多种可视化分析功能，提供数据流和时间轴的多维度分析，可以直观显示数据流和其在时间段的分析展示，结合地理信息检索全面支持全球范围基于 LBS 的检索与挖掘。TRS 水晶球面向分析师提供了强大的工作成果分享、传递、互动平台，使人与人之间能够协同工作，传递分析过程和成果。

6. 网络舆情分析技术

互联网实时生产海量数据。这些数据汇聚在一起，就能够获取到网民当下的情绪、行为、关注点和兴趣点、归属地、移动路径、社会关系链等一系列有价值的信息。

TRS SMAS 聚网大数据分析平台采集数亿网民实时留下的痕迹，对原本分散、孤立的信息进行分析、挖掘并找到其中的关联，感知用户真实的态度和需求，辅助政府在智慧城市，企业在品牌传播、产品口碑、营销分析等方面的工作。TRS SMAS聚网大数据分析平台是基于云服务模式的互联网舆情信息监测平台，集成了高效数据采集、大规模数据管理、快速发现与检索、基于 NLP 的机器学习与深度挖掘、可视化关联分析等技术，提供用户舆情信息的采集、分析，敏感事件预测和预警，监测信息全文搜索等服务，囊括事前预警、事中分析、事后处理全方位的舆情服务。平台不仅为政府提供舆情分析、为企业提供口碑与品牌建设，还为南美厄瓜多尔总统选举、台湾地区领导人选举等提供选情实时分析，通过机器学习，建立打击非法集资分析模型，为金融监管和经济侦查提供分析结果和打击依据。

（四）这些技术成果的应用情况及对企业发展的重要作用

拓尔思在 863 计划的支持下，发展了多项中文信息处理核心技术，并成功实现了产业化。获得的荣誉包括：国家科技进步二等奖、上海市科技进步一等奖、北京市科技进步三等奖，并入选中国计算机事业 50 周年 37 件大事之一（中国计算机学会发布），申报和获得发明专利近 20 项，获得著作权100 多项。历年累计销售收入 50 亿元人民币，纳税 5 亿元以上，为股东实现净利润 15 亿元以上。国内外有 10000 多家企业级用户采用了 TRS 相关产品和服务。作为一个民营企业，

863 计划的支持有力地促进了公司的前沿技术研发，并提供了很好的品牌保证。

图 2　拓尔思于 2011 年 6 月在深交所创业板上市

以自主创新把握民族语音产业先机

——科大讯飞纪念 863 成立 30 周年

智能语音作为我国战略性和前沿性的重要新兴技术和产业之一，一直以来都是国内外科技界和产业界关注的焦点，世界各国都力争取得关键技术突破，抢先占据产业先机位置和领导权。我国在科技部 863 计划的持续支持下，以科大讯飞为代表的智能语音技术取得了长足的进步，产业上得到了蓬勃发展。以下为科大讯飞在 863 计划支持下在智能语音技术和产业取得的进展。

（一）让中文语音合成技术和市场掌握在中国人自己手中

2000 年以前，中文语音市场几乎全部掌握在国外公司手中，且 Microsoft、IBM、Motorola 等众多国际巨头都纷纷在中国设立研究院，把中文语音作为重要方向，竞争形势非常危急。当时在中国语音产业内有一句流传很广的话：要想了解中国语音产业未来五年发展的前景，那就看美国；未来两年就要看日本；未来一年就要看中国台湾。这句话精辟概括出了当时中国语音产业的发展落后于世界发达国家和地区的状况，中国语音技术应用的水平和实际市场应用与美国的差距在 5 年以上！

作为智能计算机研究的重点方向以及人与机器进行语音交互的关键技术，智能语音技术具有极其广阔的市场前景。中国从 20 世纪 70 年代末开始研究中文语音合成技术，通过 863 计划计算机软硬件技术主题（原智能计算机系统主题）等科研计划，对中文语音合成技术的科研活动提供了重要的支持，取得了很多优秀成果。在国家综合国力不断提升，经济快速发展的巨大推动力下，中国语音技术产业从无到有，不断取得突破。

科大讯飞在中文语音合成技术方面有着多年深厚的研究积累，在 863 计划等项目的关注和支持下，从语音合成，声韵控制，文本分析等关键技术上取得了一系列的重要创新和突破。提出"听感量化"概念，首创多样本的波形拼接技术；创新地提出文本处理中层次化信息结构的思想；提出并实现了基于 LMA 滤波器的高质量新型汉语合成器；基于决策树的韵律建模；提出分布式语音合成思想、设计架构与标准等。在此基础上先后研制成功了 KD-TALK、KD-863、KD-2000、KD-2000B 等 KD 系列汉语文语转换系统，实现了将中文文本实时转换成汉语普通话语音输出，合成的语音自然流畅，整体技术达到了国际领先水平。

1995 年，在国家 863 专家组主持的文语转换系统评测中，中文语音合成系统的单词清晰度、词组可懂度和句子可懂度三项指标均名列第一；1997 年，中文语音合成技术在国家 863 项目中期检查中是所有同类系统中唯一获"A"的；在 1998 年 3 月，在新加坡举行的语音合成国际评测中，中文语音合成系统不但音质被公认为第一，而且自然度综合指标在所有同类系统中唯一达到了"可实用阶段"；1998 年 8 月，在"国家火炬计划十周年成就暨高新技术产品博览会"中，科大讯飞的语音合成系统被选为唯一的软件标志性产品而列在特展位上，时任国务院副总理李岚清和科技部部长朱丽兰等领导莅临展位并给予高度评价；1998 年 12 月，在新加坡举行的国际汉语口语处理研讨会上，科大讯飞的语音合成系统被与会各国专家公认为代表了汉语合成领域的世界最高水平；2000 年第三届中国国际软件博览会上，科大讯飞的"博思智能中文平台"和 KD-2000（即 InterSpeech）中文语音合成系统分获金奖和创新奖；2001 年，在第四届中国国际软件软博会上，讯飞"网络信息净化器"和 InterPhonic 语音合成系统以及"听书"、"畅言时尚版"、"语速调节"等产品再次获得金奖和创新奖；2001 年 KD 汉语文语转换系统获安徽省科技进步一等奖，并申报了国家科技进步奖（获得国家科技进步二等奖和中国杰出青年科技创新奖），见图 1～图 3。

图 1　1998 年 12 月介绍 KD 系统的论文在首届国际汉语口语处理学术
会议上获得中文语音合成领域唯一最佳论文奖

2000 年前，中文语音技术市场基本都是由国外公司所占据。1999 年基于 863 计划支持下的项目技术产业化，在国家 863 智能计算机研发中心和中国科学技术大学人机语音通信实验室基础上成立了科大讯飞公司。2000 年 6 月科大讯飞被科技部认定为国家 863 计划成果产业化基地（见图 4），与中国科大、社科院共建实验室，核心源头技术资源整合战略初见成效。科大讯飞先后推出了满足桌面应用、嵌入式应用和大规模电信级应用的全系列语音合成平台。2001 年，基于该平台上进行二次开发的国内外厂商已经达到 200 多家，产品已应用于中国电信语音互联网、中国移动语音门户、电力、金融呼叫中心、手机、车载 GPS、军工等众多领域。以科大讯飞为主导的国内语音技术提供商已占领了中文语音应用市场的主流，彻底扭转了中文语音产业由国外 IT 巨头垄断的格局，在激烈的国际竞争中为具有自主知识产权的民族 IT 企业争得了一席之地，为具有自主产权的语音产业的爆发奠定了坚实基础，语音产业国家队地位初现。

图 2　2002 年刘庆峰荣获第五届中国杰出青年科技创新奖

图 3　2003 年 KD 系列汉语文语转换系统获得国家科技进步二等奖

证　书

安徽中科大讯飞信息科技有限公司被认定为国家
高技术研究发展计划成果产业化基地。

中华人民共和国科学技术部
二〇〇〇年六月

图4　2000年6月科大讯飞被科技部认定为国家863计划成果产业化基地

（二）智能语音交互技术世界领先，以讯飞为核心的中文语音产业链已初步形成

伴随着社会信息化、网络化、智能化的发展，各行各业对语音交互应用提出了更高的要求。合成语音是否自然流畅、满足多语种、多方言的需求，复杂条件下语音识别是否准确，语音评测是否权威公正等难题制约着语音交互技术的大规模使用。在此背景下，863计划在"十五"、"十一五"期间设立了"面向网络环境及内容的语音信息处理应用平台"、"多语言语音合成关键技术研究与应用产品开发"、"多语言语音识别关键技术研究与应用产品开发"等多个项目给予智能语音交互技术持续支持。科大讯飞也在此基础上，实现了从合成的语音自然、流畅拓展到多语种、多方言语音合成，从语音合成技术的研究进一步扩展到语音识别、语音评测等技术领域，并取得了一系列国际领先技术及成果。

科大讯飞以满足多语种、多方言智能语音交互应用需求为目标，提出了语种无关的语音合成系统等构建方法，实现了中英文合成语音自然度突破 4.0 分，在国内率先完成了覆盖十余个方言、少数民族语言和外语种的多语种语音合成系统，并于 2006—2011 年连续六年获得 Blizzard Challenge 国际英文合成大赛第一名。为了让机器在面对各种噪声环境、各种发音人群口音差异、各种领域说话内容时都能够保证识别准确性，像人一样准确识别人类语音，科大讯飞提出了特征模型域综合噪声补偿的抗噪方法、多流特征的区分性模型训练方法、支持百亿量级超大规模语言模型的实时解码算法，解决了语音识别领域环境噪声鲁棒性、口音适应性、说话内容普适性的技术难题，并于 2008—2011 年连续四年在美国国家标准技术研究所（NIST）组织的国际语音识别大赛（NIST 声纹识别和语种识别大赛）中名列前茅，并获得 2011 年高混淆方言对测试中 9 项指标的 7 项冠军。为了能使语音评测技术精确模拟专家对发音质量的评分，科大讯飞提出了基于音准测度空间的评分特征提取方法、非线性变换广义加性回归评分预测方法，最终研制完成普通话水平测试自动评分系统。该系统经国家语言文字工作委员会（语委）鉴定其评分性能已达到国家级评测员水平，并作为唯一机测系统在我国普通话水平测试正式考试中实现大规模应用，被国家语委评价为"普通话推广历史上的一次重大革命！"。

基于拥有自主知识产权的国际领先的技术成果，科大讯飞于 2011 年再次荣获国家科技进步二等奖，并于 2005 年、2011 年两次荣获中国信息产业自主创新最高荣誉——信息产业重大技术发明奖，见图 5～图 7。

围绕国际领先的智能语音交互核心技术，科大讯飞产品已广泛应用于社会生活的方方面面，以讯飞为核心的中文语音产业链已初具规模。电信级语音交互开发平台方面，以授权方式

图 5　2011 年智能语音交互关键技术及应用开发平台获得国家科技进步二等奖

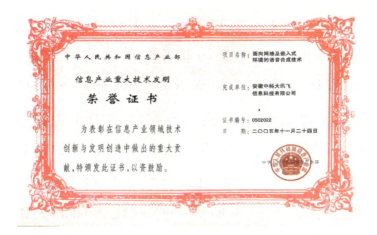

图 6　2005 年面向网络及嵌入式环境的语音合成技术项目
荣获信息产业重大技术发明奖

图 7　2011 年语音交互核心技术研究及产业化项目荣获信息产业重大技术发明奖

销售给华为、中兴、新太等开发伙伴，为电信、金融、电力、社保、交通、政府等行业的客户服务中心和信息服务系统提供语音合成和语音识别服务，用以大规模节约人工接线员成本并提供人工无法完成的海量、动态信息昼夜不停地信息服务，应用规模超过11.2万线，开发伙伴达526家，拥有80%的市场占有率。嵌入式语音交互开发平台方面，为各种嵌入式设备提供"能听会说"的语音交互手段，在手机、车载导航、教育类电子产品等行业领域广泛应用。开发伙伴达916家，上市含有语音技术的产品型号1225个，市场占有率达70%，累计授权2894万个、实现直接产品收入1.43亿元。电信语音搜索系统方面，为电信运营商音乐和实用信息等业务提供语音搜索解决方案，覆盖用户超过1.66亿；普通话和英语教学系统在全国27个省份应用，覆盖5000多万名师生；相关成果还助力于世博、奥运等重大工程，同时还对我国国防军事、信息安全、汉语国际推广及少数民族双语教学等国家核心价值领域产生积极的影响和作用。

基于智能语音核心技术研究和产业化方面的突出成绩，科大讯飞2002年被认定为首批"国家规划布局内重点软件企业"（持续通过认定），并承接国家语音高技术产业化示范工程项目，设立博士后科研工作站；2003年被工业和信息化部确定为中文语音交互技术标准工作组组长单位，负责牵头制定中文语音交互技术标准。2008年5月，科大讯飞在深圳证券交易所成功上市，成为中国第一家语音产业上市公司，同时也是在校大学生创业的第一家上市公司。2009年科大讯飞被认定为国家级创新型企业；2010年推出了全球首个智能语音交互的语音云开放平台，为各类移动互联网创业者和创新性企业提供低门槛高质量的语音交互服务。2011年，国家智能语音高新技术产业化基地、语音及语言信息处理国家工程实验室相继落户合肥，进一步汇聚产业资源，提升了科大讯飞产业龙头地位。

图8　2005年获得国家发改委国家高技术产业化示范工程授牌

图9　2008年获得国家认定企业技术中心

图10　2009年被认定为国家创新型企业

图 11 2010 年国家智能语音高新技术产业化基地落户合肥

图 12 2010 年获批语音及语言信息处理国家工程实验室

（三）以"能听会说"的感知智能为切入点，开启"能理解会思考"的认知智能时代新征程

多年来在 863 计划的持续支持下，科大讯飞在以语音合成、语音识别、语音评测等智能语音交互为主的感知智能核心技术上取得国际领先的成果，赢得国际比赛桂冠，建立了世界上最大的开放式中文智能语音技术平台——"讯飞语音云"。

同时，科大讯飞紧跟国际上语音及人工智能技术和产业发展前沿趋势，如 2013 年美国公布了"脑研究计划"（Brain Initiative），欧盟启动了"人类大脑工程"（Human Brain Project），加强人工智能关键技术研发和产业控制权的争夺。2014 年，科大讯飞也相应进行认知智能技术前瞻布局，同年得到了国家 863 计划在信息技术领域大数据方向"基于大数据的类人智能关键技术与系统"主题项目支持，目标是研发出能够参加高考并考取大学的智能机器人，科大讯飞作为本项目的牵头单位，联合清华大学、北京大学等 29 家单位，集结了我国 70%以上中文信息处理领域的专家队伍，向类人答题这一高级人工智能发起集中攻关。

图 13 "基于大数据的类人智能关键技术与系统"项目启动会

在承担 863 计划类人智能项目的同时，科大讯飞于 2014 年正式启动了"讯飞超脑"计划，组建了一支由中文信息处理领域国际顶尖专家构成的前瞻攻关团队，将科大讯飞核心技术研发从感知智能阶段延伸拓展到认知智能阶段，重点突破语言理解、知识表示、联想推理和自主学习等人工智能关键技术，也取得了良好的阶段性成果。

围绕语音及人工智能感知智能技术领域的持续研究与创新，取得了一系列国际领先的技术成果。研制的英语、印地语语音合成系统于 2006—2016 年连续 11 年蝉联国际权威的 Blizzard Challenge 语音合成大赛第一，现已实现了全新的基于深度学习的语音合成系统,进一步显著提升合成语音的自然度。说话人及语种等语音识别技术连续 5 年在美国国家标准技术研究所(NIST)组织的国际语音识别大赛中名列前茅,并在车载噪音环境下又取得重大突破,在分别由奔驰、通用及宝马汽车公司组织的全球语音识别系统测试中蝉联桂冠。语音识别相关技术成果相继 2013 年在上海、2014 年在北京取得了科学技术奖一等奖(见图 14~图 15)。

图 14 2013 年上海市科学技术奖一等奖

图 15 2014 年北京市科学技术奖一等奖

　　"讯飞超脑"在认知智能方向取得了显著的研究成果。在感知智能核心技术不断提升的同时，讯飞超脑在语义理解、机器评测、口语翻译等认知智能方向均取得显著的阶段性成果。继语音评测技术在普通话评测中取得大规模应用之后，英语口语自动评测方面，科大讯飞的评测技术也成为唯一在中高考等考试中大规模使用的英语口语评测技术。研发的口语作文评测系统关键指标超过人工专家水平，并已在广东高考中全面应用；书面作文机器自动评测已经超过人工，在合肥、安庆等地的中英文作文考试中成功应用。口语翻译方面，中英文口语翻译达到业界一流水平，中英口语翻译系统在 2014 年国际口语机器翻译系统评测（IWSLT）中，全部指标均获得第一名的好成绩；在2015 年 NIST 中英机器翻译评测大赛中获得人工评价环节翻译结果可用性比例最高的优异成绩；维汉口语翻译在真实场景效果实现突破，已率先达到实用门槛。常识推理获得国际著名的常识推理比赛 Winograd Schema Challenge 2016 的第一名成绩，该任务是国际常识推理领域的新型评测任务，被学术界普遍认为是替代图灵测试衡量机器智能水平的重要学术挑战。2015年，科大讯飞重新定义了万物互联时代的人机交互标准，发布了对人工智能产业具有里程碑意义的人机交互界面——AIUI语音交互全新方案，该方案集成了方言识别、全双工、打断纠错、多轮对话等一系列领先技术，大幅提升了人机语音交互的成功率，定义了万物互联时代人机语音交互技术的新标准。

　　科大讯飞将源头技术创新和产业产品创新有机结合，形成了全生态创新格局，在面向各行业数千家开发伙伴提供语音能力的基础上，深入布局教育、智能客服、智能电视、智能汽车等重点应用领域，与此同时打造讯飞开放平台持续为移动互联网、智能硬件的广大创业者和海量用户提供智能语音及人工智能开发与服务能力，始终保持着语音及人工智能产业的领导者地位，科大讯飞的技术成果已经走进千家万户，服务亿万百姓。

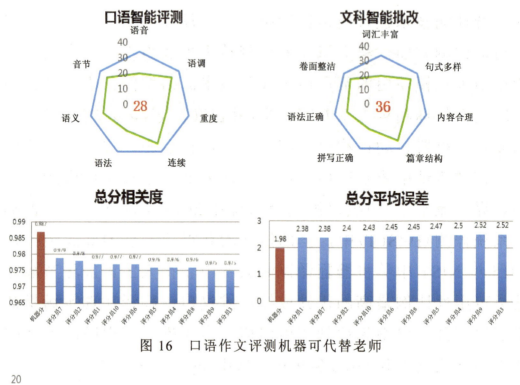

图16 口语作文评测机器可代替老师

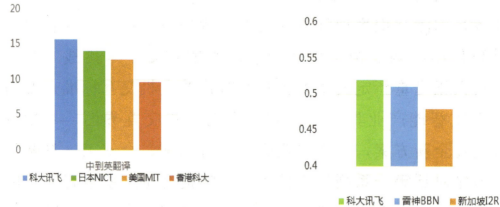

参赛单位：美国麻省理工学院（MIT）、日本国家通信技术研究所（NICT）、香港科技大学（HKUST）、加拿大蒙特利尔大学、德国卡斯鲁尔理工学院（KIT）、英国爱丁堡大学（University of Edinburgh）等

参赛单位：美国国家安全局所属翻译中心、美国约翰霍普金斯大学、韩国Naver搜索引擎公司、韩国浦项工科大学、荷兰阿姆斯特丹大学、中科院计算所、南京大学等

图17 2014年和2015年口语翻译大赛成绩对比

深耕智能教育应用。构建起完整的教育教学生态体系、智

慧教育产品体系及数字校园产品体系，助力教育产业智能化。基于科大讯飞全面领先的人工智能核心技术的全系列教育产品和综合解决方案，已经在全国31个省、市、自治区、直辖市及新加坡等海外地区广泛应用，使用师生超过8000万。

打造智能客服标杆。运用科大讯飞领先的语音及人工智能技术构建了语音导航、语音分析、坐席辅助、多渠道客服等系统化产品，在三大运营商、各大金融保险机构、国家电网、航空公司、政府机关、医疗机构、广电行业、速运行业等主要呼叫中心全部布局，成为呼叫中心行业转型发展最为倚重的内在驱动力之一。2015年，基于讯飞超脑阶段性成果，发布了全球首个智能交互"晓曼"智能客服机器人，已在建设银行、徽商银行等金融行业展开试点应用。

布局智能汽车领域。通过AIUI语音交互解决方案在车载领域的应用，重新定义了车联网时代人车交互的新标准，已与奔驰、宝马、大众、丰田、雷克萨斯、马自达、上汽、一汽、长城、长安、吉利、奇瑞、江淮、广汽、海马、东南等国内外汽车品牌开展合作，搭载讯飞人机交互技术的轿车前装出货车型和在研车型近百款，和奇瑞在新车型艾瑞泽5上通过新合作模式开发的成果得到市场的广泛好评。

构建讯飞开放平台。运用科大讯飞领先的语音及人工智能技术，构建了人工智能开放平台，持续为移动互联网的广大创业者和海量用户提供智能语音及人工智能开发与服务能力，目前人工智能开放平台的总接入设备数达到8.1亿，月活跃用户达2.36亿，开发者达16万，日服务量达25亿人次；随着该平台规模日益增大，科大讯飞在人工智能领域数据规模优势日趋明显，以科大讯飞为中心的人工智能生态已经逐步构建。如图18所示。

图 18　讯飞开放平台迅猛增长态势图

创新移动互联网应用。讯飞输入法用户达 3.6 亿，活跃用户超过 1 亿，输入法语音用户日覆盖率达到 12%，讯飞输入法进一步扩大核心技术优势，支持方言已达 19 种；与中国移动合作的灵犀用户继续保持增长，在同类产品中用户规模保持第一；酷音铃声在手机铃音类产品中，市场占有率、用户体验均保持领先并积极探索延伸应用；个性彩铃等无线音乐增值业务保持平稳发展，公司持续巩固中国三大电信运营商同类产品领先合作伙伴地位。

基于科大讯飞国际领先的语音及人工智能感知和认知智能核心技术成果，科大讯飞现已成长为亚太地区最大的智能语音与人工智能上市公司，并拥有中文语音主流应用市场 70% 的份额。科大讯飞语音及人工智能技术核心研究和产业化方面的突出成绩引起了社会各界的广泛关注和认可，习近平、李克强、张德江、俞正声、刘云山、张高丽等多位党和国家领导人亲临科大讯飞视察，对智能语音、人工智能技术的重大价值及科大讯飞做出的创新工作均给予充分肯定。国家各行业部委和权威机构已形成了科大讯飞中文语音及人工智能产业国家队的基本共识。

未来，科大讯飞将继续秉承"顶天立地，自主创新"发展战略，以"近期：语音产业领导者和人工智能产业先行者，实现百亿收入、千亿市值；中期：中国人工智能产业领导者和产业生态构建者，连接十亿用户，实现千亿收入；长期：全球人工智能产业领导者，用人工智能改变世界的伟大企业"为愿景，以"成就客户、创新、坚守、团队协作、简单真诚、专业敬业、担当奋进"为核心价值观，担当起"以人为本，创造信息时代信息获取和沟通的最佳方式"的重要历史使命。

史料篇

智能计算机系统(306)主题大事记

1987 年　2 月，国家科委成立信息领域专家委员会，共有十人组成，张克潜任首席，高庆狮、汪成为、陈火旺三位委员分管 306 主题。

1987 年　2 月—6 月，专家委员会调研，制定战略目标。

1987 年　7 月，成立 306 主题第一届专家组。张祥任组长，戴汝为、王朴任副组长；成员有王鼎兴、孙种秀、李未、陈霖。专家组依托单位是中国科学院计算技术研究所。

1987 年　7 月 10 日，召开了第一次专家组会议，制定了主题项目总体目标及课题分解，确定了 5 个专题和 55 个课题研究方向。

1987 年　8 月，向全国发布第一批课题指南。

1987 年　9 月，成立 306 主题办公室，挂靠在中国科学院计算技术研究所。

1987 年　10 月—12 月，课题评审，确定了 120 项为择优项目，其中 20 项推荐给基金委，签订了大约 80 份课题委托书。

1988 年　5 月，专家组在京组织召开"智能计算机系统军用需求与目标研讨会"，全军有关部门和单位的 100 多位代表参加了会议，钱学森出席会议并作了重要讲话。

1988 年　10 月，专家组在京组织召开"智能计算机系统民用需求与目标研讨会"，全国共有 160 多位代表参加了会议。

1989 年　1 月，专家组在京组织召开智能计算机系统主题首届学术与工作会议。全国近 200 位代表参加了会议，国家科委副主任朱丽兰等领导出席了开幕式。

1989 年　1 月，专家委员会汪成为、陈火旺委员，专家组组长张祥，副组长戴汝为、王朴参加了国家科委主持的考核。

1989 年　3 月，专家组开始制定《智能计算机研究发展计划纲要》，提出了"四条原则、三个阶段、二个层次，一个总目标"的战略以及"中心、网点、课题组"的布局，正式提出筹建国家智能计算机研究开发中心的建议。

1989 年　8 月，国家科委在京组织考核，王鼎兴、李未、孙钟秀、陈霖四位专家组成员在会上做了个人的述职报告，专家组组长张祥在会上做了专家组的工作总结报告。

1989 年　10 月，306 主题第二届专家组成立。汪成为任组长，张祥、李未任副组长；第一批受聘的专家组成员有戴汝为、王鼎兴。

1989 年　11 月，专家组在京召开智能计算机系统"八五"战略目标研讨会。

1989 年　12 月，国家科委在京召开国家智能计算机研究开发中心论证会，国家科委副主任朱丽兰等领导参加了会议，胡启恒和张效祥任论证会正、副主任，会议通过了智能中心的可行性论证。

1990 年　1 月，孙钟秀、李国杰受聘为 306 主题第二届专家组第二批成员。

1990 年 2 月，专家组拜访机电部科技司和计算机司，就 306 主题与国家主战场的配合与衔接问题进行了交流和讨论。

1990 年 3 月，国家智能计算机研究开发中心在京成立，李国杰任中心主任。

1990 年 5 月，专家组召开"智能计算机发展战略国际研讨会"，美国总统科学顾问许瓦尔兹，以及霍普菲尔德、田中英彦、华云生、黄铠等国际著名科学家出席了会议。国务委员、国家科委主任宋健等领导在人民大会堂会见了科学家。

1990 年 6 月，国家科委在北京组织召开了"863 计划管理经验交流会"，国家科委副主任朱丽兰等领导出席会议，汪成为代表 306 主题在会上做了题为"关于不断进行 863 专家组自身建设的几点体会"的报告。

1990 年 9 月，国家科委在无锡主持召开了"863 计划信息技术领域战略目标汇报会"，国家科委主任宋健、国防科工委主任丁衡高、国防科工委副主任朱光亚、国家科委副主任朱丽兰等领导出席了会议，汪成为代表专家组汇报了 306 主题的战略目标。

1991 年 4 月，国家科委和国防科工委在京举办"863 计划五周年成果展览会"，党和国家领导人参观了展览。专家组组织了 EST 智能工作站系统、汉字识别系统、语音识别系统等 30 项成果参加展览会。

1991 年 4 月，国务院高技术计划协调指导小组在京组织召开了 863 计划工作会议。丁衡高致开幕词，宋健宣读了聂荣臻致 863 计划工作会议的贺信。朱丽兰和朱光亚

分别做了民口和军口的工作报告，王大珩与十位老科
学家在会上发言，汪成为代表专家组做了题为"把发
展战略研究放在首要的地位"的报告。闭幕式上，丁
衡高宣读了小平同志"发展高科技，实现产业化"的
重要题词。大会向 863 计划倡导者王大珩、王淦昌、
陈芳允、杨嘉墀四位科学家献花和敬赠荣誉证书。大
会还向 60 个先进集体和 330 位先进工作者颁发了奖
状和奖励证书。306 主题共荣获表彰的先进集体 4 个，
先进工作者 9 人。

1991 年　6 月，国家科委高技术司和 306 主题专家组在京联合
组织了"汉字识别、语音识别评比与研讨会"，来自
全国 30 多个单位近 100 位专家参加了会议，共有 19
个系统参加了统一的评测。

1991 年　9 月，由 306 主题专家组发起，并与中国计算机学会、
中国自动化学会联合在北京举办了全国人工智能与
智能计算机学术会议（NJC-ACTAI '91）。共有 260 多
位代表参加了会议。

1991 年　12 月，专家组选送"智能型机器翻译系统"等 5 个项
目参加"香港国际电脑软件展览会"，其中"智能型
机器翻译系统"与香港某著名企业达成了合作意向。

1991 年　12 月，国家科委 863 联办在京召开"863 计划外事工
作经验交流会"。汪成为代表专家组在会上做了"坚
持改革开放的方针，扎扎实实搞好国际科技交流与合
作，促进我国高技术事业的进一步发展"的报告。

1992 年　6 月，国家科委高技术司、306 主题专家组、深圳市
科学技术局共同举办"深圳 92 计算机高技术成果与

产品展览会"。共有 50 多个单位的近 200 项成果参加了展览，深圳市副市长朱悦宁出席了开幕式并剪彩，国家科委常务副主任李绪鄂参观了展览。一批成果与企业达成了合作协议。

1992 年　6 月，国家科委高技术司与 306 主题专家组在深圳举行"汉字、语音识别评比与研讨会"。来自全国的 40 多位专家参加了会议，共有 17 个系统参加了统一的评测。

1992 年　10 月，306 主题第三届专家组成立，汪成为担任组长，李国杰、李未担任副组长，成员有王鼎兴、孙钟秀、李卫华、高文、吴泉源。

1993 年　2 月，国家科委在北京召开"国家科委 863 计划表彰奖励会议"，国家科委副主任朱丽兰、惠永正等领导出席会议，相关部门领导及代表 150 多人参加了会议。306 主题获得 1 个优秀集体以及 14 个优秀工作者称号。

1993 年　4 月，美国斯坦福大学费根鲍姆（Feigenbaum）在智能中心做"基于知识的智能计算机系统的现状和未来"的学术报告。

1993 年　9 月，国家科委在京召开中心、网点建设经验交流会，李国杰代表国家智能中心在会上做了发言。

1993 年　10 月，"曙光一号智能化共享存储多处理机系统"通过了国家科委组织的技术鉴定。国家科委副主任惠永正、中科院副院长胡启恒等出席了成果汇报会。

1993 年　11 月，国家科委在京召开成果转化经验交流会，汪成为代表 306 主题在会上做了发言。

1994 年　1 月，国务委员、国家科委主任宋健及国家科委常务副主任朱丽兰在中国科学院副院长严义埙的陪同下，到国家智能机研究开发中心视察工作，听取了专家组和智能中心的汇报。

1994 年　1 月，国家科委、湖南省科委、306 主题专家组在长沙联合召开了"国家科委重大科技产业工程项目——曙光一号多处理机系统推广应用研讨会"。

1994 年　5 月，专家组在北京皇苑大酒店召开了"智能机基础研究学术会议"。

1994 年　5 月，国家科委基础研究高技术司与 306 主题专家组在北京组织了中文与接口技术评比与研讨会，来自全国 29 个单位的 39 个系统参加了评测。

1994 年　6 月，国家科委高技术司、306 主题专家组和深圳市科技局联合举办的第二届深圳计算机高技术成果与产品展览会在深圳市科学馆举行，来自全国 60 多个单位的近百项成果参加了展览。

1994 年　11 月，专家组与全国八个学术团体在重庆联合举办第三届中国人工智能联合学术会议，来自全国的 96 位代表出席了大会，汪成为同志在会上作了特邀报告。

1995 年　1 月，国家科委召开 863 计划重大项目交流会，智能中心李国杰主任汇报了智能中心承担的曙光系列重大项目的进展情况。

1995 年　5 月，"曙光 1000 大规模并行机系统"通过了国家科委组织的技术鉴定。国家科委基础研究高技术司在北京友谊宾馆举行了"曙光 1000"成果汇报会。国防科工委副主任朱光亚，国家科委常务副主任朱丽兰、惠永正、邓楠，中国科学院副院长严义埙等领导出席会议并作了重要讲话。

1995 年　6 月，国务委员、国家科委主任宋健等领导视察了国家智能中心，并对推广"曙光 1000"做了重要指示。

1995 年　9 月，"中国合肥高性能计算中心"成立协议在合肥签订，"曙光 1000"首先在安徽落户。

1995 年　10 月，专家组与摩托罗拉合作成立联合研究开发实验室协议在京签字。

1996 年　3 月，专家组举办的第三届"SAT 问题的快速算法国际邀请赛"在北京举行，共有 14 个代表队参加本次比赛，其中国内有 9 个队，国外有 5 个队，分别来自美国、法国、日本、印度和葡萄牙。经过三天的激烈竞争，国内参赛队包揽了前三名。

1996 年　3 月，由专家组和摩托罗拉公司共同组建的"先进人机通信技术联合实验室"成立活动在北京人民大会堂隆重举行。国家科委常务副主任朱丽兰、中国科学院副院长胡启恒、外国专家局局长马俊如、国家科委副主任惠永正、美国摩托罗拉公司两位高级副总裁等百余名嘉宾出席了成立庆典活动。

1996 年　4 月，由国家科委、国防科工委联合主办的"863 计划十周年成果汇报展览会"在中国人民革命军事博物馆举行，党和国家领导人参观了展览，306 主题共选送了 24 项优秀成果参加了展览。

1996 年　4 月，863 计划十周年工作会议在北京京西宾馆召开，国务委员、国家科委主任宋健主持了大会开幕式，国家科委常务副主任朱丽兰、国防科工委副主任王统业在大会上作了工作报告。党和国家领导人为大会题词祝贺。汪成为和李国杰院士分别在会上作了报告。

1996 年　4 月，国家科委、国防科工委对在 863 计划 "八五" 期间做出重大贡献的先进集体和先进工作者进行了表彰。306 主题专家组、国家智能计算机研究开发中心被评为先进集体，并有 16 名个人被评为先进工作者。

1996 年　4 月，江泽民总书记、李鹏总理等领导在人民大会堂会见了参加 863 计划十周年工作会议的代表，306 主题部分专家组成员、先进集体和先进个人代表参加了会见活动。

1996 年　4 月，国家科委高技术司在北京举行了 863 计划信息技术领域专家考核评议会议。会议对 306 主题第三届专家组及专家组成员任期内的工作进行了考核，并对第四届专家组的候选人进行了评议。国家科委常务副主任朱丽兰出席了开幕式并作了重要讲话。

1996 年　6 月，由国家科委、国防科工委、辽宁省政府共同主办的 "863 计划十周年成果赴辽宁展览会" 在沈阳市火炬大厦举行，306 主题共选送了 14 项优秀成果参加了展览，并签订技术合同 20 项。

1996 年　6 月，306 主题第四届专家组聘任会在国家科委举行，第四届专家组由高文担任组长，王鼎兴、李未担任副组长；成员有吴泉源、钱跃良、钱德沛、刘积仁；李国杰担任项目专家。

1996 年　10 月，由国内八个相关学术团体和 306 主题专家组等联合主办的 "第四届中国人工智能联合学术会议" 在北京中国人民解放军国防大学召开。参加这次会议的共有 100 多位代表，汪成为、戴汝为、李国杰等在开幕式上作了大会报告。

1996 年　10 月，由五个学术团体和单位及 306 主题专家组联合主办的"第一届多模式接口国际会议"在北京举行。此次国际会议由汪成为院士、李国杰院士担任会议主席，306 主题专家组组长高文担任程序委员会主席。来自中国、美国、韩国、日本和中国香港等国家和地区的 70 余名专家、学者参加了此次学术活动。

1996 年　11 月，国家科委综合计划司、基础研究高技术司、火炬办公室和 306 主题专家组联合在国家科委召开了"计算机 2000 年问题研讨会"，来自国内有关部门和单位的代表共 40 余人参加了会议，高文组长在会上作了讲话，国家科委副主任徐冠华出席了会议并作了总结发言。

1996 年　11 月，国家科委高技术司在北京组织召开了 306 主题三个重大课题可行性论证会。会议分别对"个人数字助理 PDA 系统集成"、"基于分布交互仿真的虚拟现实系统研究"、"智能化作战模拟训练系统"项目进行了可行性论证。

1996 年　12 月，国家科委在天津市组织召开了"曙光计算机应用示范（天津）工程"实施方案的综合评审会。国家科委副主任惠永正、电子工业部常务副部长刘剑峰、天津市副市长曲维枝等领导同志出席了评审会并作了重要讲话。汪成为、李国杰、高文、王鼎兴等参加了综合评审会。

1996 年　12 月，专家组在北京主持召开了"智能化农业信息技术应用示范工程"研讨会，会议交流和总结了前期农业智能应用的工作经验，研究了开展智能化农业信息技术应用示范工程的指导思想、实施方案和工作部署。

1997 年　1 月，由国家科委高技术司、国家科委高技术研究发展中心和 306 主题专家组联合举办的 "MPEG-2 新技术发布会" 在京召开，国家科委黎懋明副秘书长到会并讲话，电子部计算机司和国家科委条财司、火炬办的领导以及来自产业界、学术界、新闻机构的近百人参加了会议。

1997 年　4 月，306 主题重大项目 "Internet/Intranet 应用软件平台——系统集成与示范应用" 项目通过了国家科委高技术研究发展中心在京组织的评审。

1997 年　5 月，第一期 "全国计算机高级技术人才培训班" 在北京航空航天大学举行。国家科委常务副主任朱丽兰在开学典礼上作了特邀报告，国家科委、国家教委、国家自然科学基金委的有关领导出席了开学典礼，来自全国 36 所高等院校和科研院所的 50 多名学员参加了这次为期三个星期的专业培训。

1997 年　6 月，863 计划信息、自动化领域 "九五" 重大项目研讨会在国家科委召开，高文汇报了 306 主题 "九五" 重大项目的遴选、评审情况及存在的问题。国家科委高技术司冀复生司长在会上作了重要讲话。

1997 年　11 月，中国成都高性能计算中心在成都市西南交大正式建成，国家科委高技术司冀复生司长为中心揭幕并讲话，中国科学院、电子部、306 主题专家组、四川省政府、成都市政府的有关领导及用户近 300 位代表参加仪式。

1997 年　12 月，306 主题专家组、联想集团与日立公司、微软公司就 H/PC 及 Windows CE 等方面的合作进行了会谈，国家科委高技术司冀复生司长等出席了会谈，国家科委常务副主任朱丽兰会见了参加会谈的代表。

1997 年　12 月，中国（武汉）高性能计算中心在华中理工大学成立，国家科委高技术司、国家教委科技司、306 主题专家组、湖北省、武汉市的有关领导及部分当地代表出席了成立大会。

1998 年　3 月，由国家科委基础研究高技术司、306 主题专家组、全国信标委非键盘输入分技术委员会共同组织的第五届全国汉字识别、语音识别与合成系统及自然语言处理系统评测在北京举行。31 个单位的 43 个系统参加了评测。

1998 年　4 月，国家高性能计算中心（上海）的成立揭牌仪式在复旦大学的上海应用物理中心隆重举行。国家科委副主任惠永正出席仪式并为"计算中心"揭牌。

1998 年　4 月，国家科委在京组织专家组考核会，考核组对 306 主题第四届专家组和专家组成员任职期间的工作进行考核，并对新一届专家组候选人进行了评审。

1998 年　5 月，863 计划信息领域工作会议在北京召开，国家科技部副部长李学勇向 306 主题第五届专家组成员颁发了聘书。第五届专家组组长为高文，副组长为刘积仁、钱德沛，成员有钱跃良、谭铁牛、吴建平、吕建、王怀民、刘澎、怀进鹏、刘峰，项目专家为李国杰，组长助理为杨士强、李明树。会上高文报告了 306 主题 2000 年的战略目标、任务及重大项目管理、运行机制等。

1998 年　7 月，国家科技部、国家自然科学基金委员会、外国专家局和 306 主题专家组在沈阳东软集团共同举办了第二期"全国计算机高级技术人才培训班"。来自全国 60 多名具有副高以上职称的青年学术骨干和带头人参加了培训。

1998 年　8 月，农业专家系统开发平台的评测在北京举行，共有 15 个平台和系统参加了评测。

1998 年　10 月，863 计划工作会议在北京举行，国家科技部部长朱丽兰，副部长邓楠、韩德乾、李学勇等领导出席了会议。各领域介绍了总体思路和战略目标、重大进展和重要成果、管理机制与措施等。李国杰在会上作了题为"2000 年曙光计算机产业"的典型发言。

1998 年　10 月，国家科技部徐冠华副部长在北京顺义视察了 306 主题重点项目"智能化农业信息技术应用示范工程"北京示范区，听取了北京示范区项目实施情况的工作汇报，观看了顺义中心示范区的高产示范田。

1998 年　12 月，国家科技部韩德乾副部长赴云南视察了 306 主题重点项目"智能化农业信息技术应用示范工程"云南示范区，听取了云南示范区项目实施情况的工作汇报。

1998 年　12 月，"曙光 2000-I 超级服务器"通过了科技部高新司在京组织的技术鉴定。

1998 年　12 月，农业信息化科技工作会议在北京京西宾馆举行。科技部部长朱丽兰，副部长徐冠华、韩德乾、李学勇等领导出席会议并作了重要讲话，来自国内有关方面的代表一百多人参加了会议。会议交流了 863 计划在智能化农业技术研发和推广应用方面的经验，讨论和部署了下一步的目标，并为 306 主题的智能化农业应用先进示范区授牌。

1999 年　1 月，江泽民主席亲临国防大学观看了 306 主题重点课题"智能化作战模拟训练系统"的演示汇报，并做了重要指示。

1999 年　1 月，306 主题专家组和国家智能计算机研究开发中心在北京共同举办了"曙光 2000-I 超级服务器暨新成果汇报会"。国家科技部副部长惠永正、信息产业部副部长吕新奎、中国科学院副院长严义埙、中国科协副主席胡启恒，以及相关领域的两院院士和著名专家学者、企业界和用户代表共二百多人出席了会议。李国杰做了关于曙光 2000-I 超级服务器和 98 新成果的总体汇报。

1999 年　6 月，306 主题的"国家高性能计算环境"、"智能化农业信息技术应用示范工程"、"中小企业信息化示范工程"三个重点项目通过了科技部高技术中心组织的可行性论证。

1999 年　7 月，306 主题的"软件产业国际化示范工程"和"数字化关键技术与产品"两个重点项目通过了科技部高技术中心组织的可行性论证。

1999 年　8 月，由国家科技部、教育部、国家自然科学基金委、国务院外国专家局和 306 主题专家组共同主办、清华大学计算机系承办的"第三期全国计算机高级人才培训班"在清华大学举行。

1999 年　8 月，由中国科学院、国家自然科学基金委、863 生物技术专家委员会和 306 主题专家组共同主办的"生物信息学研究与应用学术讨论会"在杭州召开。

1999 年　10 月，国家科技部高新司在云南省召开了"863 计划智能化农业信息技术应用示范工程经验交流及现场会"。科技部副部长韩德乾等领导到会并讲话，306 主题专家组、技术总体组和监理组，国务院有关部委、14 个示范区的有关领导和项目负责人等共 160 余人参加了会议。会上，浪潮电子信息产业股份公司向云南省及宁蒗县赠送了浪潮服务器。

1999 年　11 月，科技部副部长惠永正带队，由科技部、306 主题专家组、高新区等部门的政府官员、软件管理专家、企业家和技术专家等代表组成的软件代表团，对印度软件产业进行了考察。

1999 年　12 月，306 主题智能化农业信息技术示范工程技术总体组在北京举办了第一期"智能化农业信息技术培训班"，来自全国 16 个示范区的 33 人参加了培训。

2000 年　1 月，306 主题专家组在北京召开"共创软件联盟"发起大会，国内著名高等院校、科研机构、企业和专业媒体等 30 多家单位作为共创软件联盟共同发起单位在会上签署了共创软件联盟宣言。

2000 年　1 月，国家 863 计划工作会议在北京召开，国家科技部部长朱丽兰，副部长徐冠华、惠永正、邓楠、李学勇以及相关部门的领导出席了会议，各领域的专家、地方科委代表共 200 多人参加了会议。会议听取了各领域的工作汇报、交流经验，讨论了"关于加强 863 计划成果产业化工作的若干意见"、"关于 863 计划全面总结的总体要求"，并对今后的工作进行了部署。高文代表306主题专家组做了大会发言。

2000年 1月，由国家智能计算机研究中心研制的曙光2000-II超级服务器通过了国家科技部组织的专家鉴定与验收。

2000年 1月，"曙光2000-II超级服务器成果汇报会"在北京举行。全国政协副主席、中国工程院院长宋健，国家科技部副部长李学勇，中国科学院副院长严义埙出席了会议，来自相关部门的领导以及科研院所的学者、用户代表共200多人参加了会议。

2000年 2月，共创软件联盟成立大会在北京举行。国家科技部李学勇副部长等领导以及共创软件联盟理事会成员及新闻界的代表共60多人参加了会议。在之前召开的共创软件联盟第一次理事会上，以无记名投票的方式选举产生了共创软件联盟常务理事会、理事长和秘书长，并通过了共创软件联盟章程。

2000年 4月，"科技手拉手"——863计划智能计算机系统主题支持西部大开发技术报告会在成都举行。四川省有关领导及代表共100多人参加了技术报告会。高文代表306主题专家组作了题为"发展信息技术，服务西部开发"的报告。

2000年 5月，由国家科技部主办的"信息技术与西部大开发战略研讨会"在西安召开。国家科技部副部长徐冠华等领导出席会议并讲话，863计划相关主题专家组及来自全国各地的代表等共计210多人出席了会议。李国杰作了题为"信息技术发展趋势及我们的对策"的主题发言；306主题的代表还在会上作了专题报告。

2000年　6月，306主题专家组在兰州召开了"国家863计划智能化农业信息技术西部地区现场经验交流会"。会议交流和总结了我国西部地区智能化农业信息技术开发应用及示范推广的经验与模式。国家科技部副部长李学勇等领导到会并作了重要讲话，有关部门的领导和代表共60多人参加了会议。

2000年　6月，共创软件联盟和中科院软件所在人民大会堂召开共创软件产品——Penguin64中文Linux操作系统发布会，各方面的代表近300人参加了会议。Penguin64中文Linux操作系统是一个全64位的操作系统，成为共创软件联盟成立以后第一个对外发布的共创软件产品。

2000年　7月，由国家科技部、教育部、自然科学基金委、国务院外国专家局和306主题专家组共同主办的第四期全国计算机高级技术人才培训班在南京举行，来自全国41个单位的73名学员参加了为期两周的培训。

2000年　8月，江泽民总书记在黑龙江考察工作期间，来到黑龙江省农垦科学院成果展览室，观看了黑龙江示范区开发的国家863计划项目智能化农业信息技术多媒体专家系统病虫草害防治部分的演示和情况汇报，总书记对农业示范区给予了充分肯定。

2000年　11月，由国家科技部高新技术发展及产业化司、云南省电脑农业专家系统推广领导小组主办，306主题专家组、云南省民族事务委员会等承办的"云南电脑农业技术应用成果展示会"在昆明云南民族博物馆隆重举行。云南省委和省政府以及各有关部门的代表近千人出席了开幕式，有关示范区和单位展示了工具软件、平台、专家系统等。

2000 年　11 月，306 主题专家组与共创软件联盟在北京共同主办了"2000 年中国自由软件战略研讨会暨第一届中国自由软件应用论坛"，300 余人参加了会议。

2000 年　11 月，863 计划信息领域办在北京召开了信息领域总结验收工作会议。会上各主题按照科技部的有关要求报告了本主题总结验收进展情况及今后工作计划；研讨了信息领域总体验收方案；各主题还分组讨论了主题总体验收方案。306 主题专家组在分组会上讨论了主题验收总结的总体框架，并对有关工作进行了分工与布置。

2000 年　12 月，由 306 主题专家组主办的"2000 年智能化农业信息技术国际会议"在北京举行。来自 18 个国家和地区的 100 多位国内外农业信息技术专家和代表参加了会议，国家科技部副部长李学勇出席了会议并致开幕词。

2000 年　12 月，863 计划联合办公室在北京召开了信息领域各主题的验收会，科技部部长朱丽兰、副部长徐冠华和马颂德等领导出席了会议，306 主题专家组组长高文汇报了 306 主题 15 年来的主要工作。验收组认为 306 主题已超额完成了预定任务，同意通过验收。

2001 年　1 月，国家科技部 863 计划联合办公室在北京召开了信息领域验收会，科技部部长朱丽兰，副部长徐冠华、马颂德、邓楠、李学勇等领导出席了会议，会议由马颂德副部长主持，全国政协副主席、中国工程院院长宋健任验收组组长。信息领域的代表报告了领域15年来的执行情况、经验、体会和存在的问题，以及对"十五"工作的建议等，会议通过了对信息领域的验收。

2001年　1月，共创软件联盟开发的嵌入式操作系统CC-Linux1.0在京发布，该系统是由共创软件联盟组织开发的863项目。

2001年　1月，863计划"九五"重大项目"高性能计算机及应用系统——曙光3000系统"的项目验收会在北京举行。科技部副部长马颂德等有关领导出席了会议。验收组通过对该项目的验收。

2001年　2月，科技部决定在863计划实施15周年之际，表彰在实施863计划中做出贡献的先进集体和先进个人，306主题获表彰的先进集体2个，先进个人31名。

2001年　2月，"曙光3000超级服务器成果汇报会"在北京新世纪饭店召开，科技部部长朱丽兰、中科院院长路甬祥、中国科协副主席胡启恒等领导出席了会议并作了重要讲话。计算机领域的著名专家、学者，用户单位代表等逾200人参加了会议。李国杰院士等向到会人员汇报了曙光3000的主要特点、性能及推广应用情况。

2001年　2月，"863计划15周年成就展览"在北京展览馆举行，党和国家领导人江泽民、胡锦涛等领导以及近20万群众参观了展览会。306主题组织40余项成果参加了成就汇报展览。

计算机软硬件技术(11)主题大事记

2001年　5月,"十五"863计划信息领域专家选聘评审会在北京信苑饭店举行。以马俊如、汪成为任正、副主任的评审组,对信息技术领域专家委员会以及计算机软硬件技术等四个主题专家组的候选专家进行了评审。

2001年　7月,"十五"863计划(民口)第一届领域专家委员会和主题专家组成立大会暨第一次工作会议在北京京西宾馆召开,科技部徐冠华部长,邓楠、李学勇、马颂德副部长出席了会议并作了重要讲话。李学勇副部长宣布了专家委员会和主题专家组名单并颁发了聘书。"十五"863计划信息技术领域计算机软硬件技术主题(11主题)第一届专家组由怀进鹏任组长,钱德沛、李明树任副组长,成员有吕建、梅宏、王怀民、唐志敏、刘澎、黄永勤。

2001年　7月,11主题专家组第一次工作会议在北京召开,专家组全体成员认真学习了国务院[2001]8号文、863计划工作会议的有关领导讲话及文件,邀请国内计算机领域的知名专家及上一届专家组成员对主题发展战略进行研讨。专家组根据国家目标与应用需求、技术趋势与发展机遇、战略目标与技术决策等,形成了主题战略目标框架。

2001 年　7 月，"2001 年'十五'863 计算机软硬件技术主题发展战略研讨会"在北京举行，来自教育部、信息产业部、中科院等有关部门以及高等院校、科研院所、企业和地方科委等有关单位的 120 多名代表参加了会议。专家组组长怀进鹏介绍了主题目标、发展战略、工作设想等，会议就相关领域的国内外发展趋势、现有技术基础、需要解决的关键技术、对 863 计划的建议等相关问题进行了研讨。

2001 年　7 月，专家组工作会议在北京召开，经讨论确定了"计算机软硬件技术主题战略目标可行性研究报告"，主题将以面向国家信息化的网络计算技术为主线开展计算机体系结构、Internet 新技术、计算机软件技术、多模式人机接口与中文信息处理、重大示范应用五个方面的研究工作。会议还确定了"高性能计算机及其核心软件"、"中国网络软件核心平台"重大专项的论证报告。

2001 年　8 月，信息领域专家委员会在北京召开了信息领域主题战略目标咨询会，专家组组长怀进鹏从国家目标与应用需求、主题目标与研究内容、预期成果与考核指标、管理机制与经费预算等方面汇报了本主题战略目标研究报告，信息领域专家委员会进行了质询并提出了意见和建议。

2001 年　8 月 6 日—18 日，第五期全国计算机高级技术人才培训班在北京中科院研究生院举行，来自全国大专院校、科研院所、企业的技术骨干共 134 人参加了为期两周的培训。本期培训班的主题是"计算机网络与系统安全"。开设了信息系统安全概论、强健的 Internet 与系统自动恢复、信息安全标准、政策与法规、网络攻击与入侵检测和防范、公钥基础设施、防火墙、密码学等课程。

2001 年　8 月，专家组工作会议在北京召开，会议主要议题有：根据信息领域专家委员会的咨询意见，修改主题战略目标报告；讨论制订主题第一批课题申请指南。

2001 年　8 月，信息领域专家委员会在北京召开信息领域主题战略目标及课题申请指南咨询会，专家组组长怀进鹏代表计算机软硬件技术主题介绍了主题战略目标修改情况以及第一批课题申请指南。863 计划信息领域办主任冯记春副司长就 863 的定位、主题与重大专项的关系等作了重要讲话。

2001 年　8 月 17 日，信息领域办在北京召开了信息领域主题战略目标研究报告论证会。领域办副主任李武强处长主持会议并介绍了信息领域四个主题的有关情况，由马俊如、胡启恒任正、副组长的论证专家组在听取了各主题的主题战略目标研究报告，经质询后提出了各自的意见。科技部马颂德副部长、高新司冯记春副司长在会上作了重要讲话。科技部高新司、863 联办、信息领域办的领导，信息领域专家委员会、专家组的专家参加了会议。

2001 年　9 月，专家组工作会议在北京召开，会议主要议题有：讨论确定了第一期课题申请指南，并确定了第一期课题申请指南的英文版；讨论确定了主题重点项目软课题组名单；讨论了有关国际合作；讨论确定了专家组工作分工与规章制度；并布置了下阶段工作安排。

2001 年　9 月，共创软件联盟第一届理事会第二次会议在北京召开，会议由高文理事长主持。会议总结了联盟成立以来的工作，对共创联盟章程进行了修改，明确了联盟与挂靠单位及 863 专家组的关系。增补怀进鹏为副理事长，增补梅宏、唐志敏、黄永勤、俞慈声为理事，增选褚诚缘、姚政、柳建尧为联盟副秘书长。

2001 年　9 月，11 主题发展战略软课题研讨会在北京召开，专家组组长怀进鹏介绍了主题的战略目标和专家组的思路，并宣布成立体系结构、计算机网络、计算机软件、中文信息处理与接口、重大应用示范、高性能计算六个软课题研究组，课题研究组的任务是深入进行发展战略研究，定期提交发展战略研究报告，制定主题下各专题总体规划及实施细则，完成科技部及专家组交给的任务。各软课题组进行了分组研讨，并制定了初步的工作计划。

2001 年　10 月，信息领域工作会议在北京召开，信息领域办、信息领域各主题专家组、信息领域专家委员会和主题专家组执行秘书参加了会议，会议由李武强处长主持，各主题介绍了有关申报、形式审查、组外专家评审的有关情况，会议对评审中出现的问题进行了讨论，最后，李武强处长对有关评审工作进行了统一要求，并强调了评审纪律。

2001 年　10 月，11 主题申请项目组外专家评审会在北京召开，专家组组长怀进鹏介绍了 11 主题发展战略及评审要求。科技部高新司信息处尉迟坚同志向评委强调了评审纪律，此次评审共聘请了 61 位组外专家参加，专家组成员不参加课题的初审。并按专题方向成立 8 个评审组，分别负责计算机体系结构、下一代互联网络技术、计算机软件、智能中文信息处理、多模式人机接口、军事应用、农业应用、重大应用课题的评审。

2001 年　10 月，863 软件孵化器建设研讨会在北京举行。科技部为支持软件产业发展，"十五"期间将逐步建设一批软件专业孵化器，并选择在北京、河南、西安、沈阳四地先行试点。为规范和完善 863 软件专业孵化器的组建和管理，计算机软硬件技术主题专家组组织北京、河南、西安、沈阳、上海科委的有关人员共同研讨 863 软件孵化器的规划及布局、孵化器的组织与管理、孵化器服务内容等。并初步制订了 863 软件专业孵化器管理办法。

2001 年　11 月，专家组工作会议在北京召开会议，在组外专家初评的基础上，根据本主题的十五目标和总体发展战略，对课题进行了评审。专家组经两轮投票表决，确定了初步录取项目。

2001 年　11 月，专家组怀进鹏等 7 人赴上海调研，考察了徐汇区软件基地、浦江软件孵化基地、上海万达信息公司、复旦光华信息发展公司等，调研软件需求、了解有关情况。还与上海市科委，上海闵行区、浦江镇政府的领导就城市信息化、软件产业的发展进行了座谈。调研期间，专家组应上海市科委的邀请，还举办了专题报告会，怀进鹏、吕建、刘澎分别作了"'十五'期间 863 计划计算机技术发展战略"、"软件技术与软件产业"、"863 技术创新链建设"报告。

2001 年　11 月，信息领域专家委员会在北京召开了主题评审项目质询会，信息领域办冯记春主任、李武强副主任等出席了会议，会议由专家委主任郑南宁院士主持。怀进鹏组长代表计算机软硬件技术主题专家组汇报了主题申报情况与评审、目标需求与分析、综合评审与选择、近期工作与计划等。信息领域专家委员会调阅了有关的评审表格和项目申请书。

2001 年　11 月，专家组怀进鹏、刘澎等 5 人赴重庆调研，重点考察了网络计算机（NC）的研制情况和推广计划，与重庆市科委进行了座谈。

2001 年　11 月，国家 863 计划中小企业信息化示范工程暨生产力信息网开通典礼在北京举行。科技部石定环秘书长、科技部高新司李武强处长、北京市科委信息处陈力工处长、专家组组长怀进鹏分别在会上致词。

2001 年　11 月，863 计划信息领域专家委员会在北京召开协调会，协调计算机软硬件技术主题、通信技术主题及高速信息网重大专项中有关网络技术的课题设置。会议明确了计算机软硬件技术主题、通信技术主题及高速信息网重大专项在网络技术研究课题设置的侧重点，避免低水平、低层次的重复支持；建议两个主题加强联系，相互沟通和协调。

2001 年　11 月，科技部高新司、863 计划信息领域办、信息领域专家委在深圳组织召开了国家 863 计划信息技术领域发展战略高级研讨会，共同探讨关于国际信息技术发展趋势及对 863 计划信息技术领域发展的观点、建议和需求。科技部马颂德副部长到会作了重要讲话，专家组组长怀进鹏参加了会议。

2001 年 12 月，信息领域办冯记春主任、李武强副主任等领导与 11 主题专家组座谈，冯记春主任再次就明确有限目标，集中力量抓好大项目以及主题项目与重大专项的关系等问题做了重要指示。

2001 年 12 月，专家组在北京召开了软件技术研讨会，专家组与国内学术界专家、学者、产业界的代表共同研讨了"中国网络软件核心平台"软件重大专项的可行性、目标、研究内容等。

2001 年 12 月，专家组怀进鹏等 7 人赴济南调研，考察了浪潮集团、中创软件公司等，调研国产服务器的研发现状、软件需求，并了解有关情况。还与山东省科技厅的领导就高新技术发展及产业化进行了座谈。

2001 年 12 月，11 主题"新型网络服务器系统"、"高性能通用 CPU 芯片设计"课题招投标工作开始进行，这是科技部为促进公平竞争，提高科技经费的使用效率，保证该课题研究工作的质量，决定采用招标方式优选计算机软硬件技术主题"新型网络服务器系统"、"高性能通用 CPU 芯片设计"课题的承担单位。

2001 年 12 月，专家组怀进鹏等 10 人赴绵阳调研，考察了长虹集团、九院、九洲集团、绵阳网络中心等，调研软件、高性能计算的需求，并了解有关情况。还与绵阳市政府等领导就高新技术发展及产业化、人才培养、农业信息化等进行了座谈。

2001 年 12 月，专家组在北京召开了各专题发展战略研讨会，各专题软课题组汇报了体系结构、下一代互联网络、软件、中文信息处理与接口、重大应用示范专题以及高性能计算、软件重大专项的调研报告，并进行了研讨。

2002 年　1 月，科技部高新司在京召开 Grid 研讨会，徐冠华部长、马颂德副部长等领导参加了会议，汪成为院士作了"择重择优，研制虚拟的网络计算环境"的报告。

2002 年　1 月，专家组在北京召开 863 计划计算机发展战略研讨会。汪成为、杨芙清、李国杰、李未等近百位著名科学家、知名企业家和来自政府的主管官员一起交流国际、国内计算机技术发展的最新动向，共商中国 863 计划计算机技术的发展战略。

2002 年　1 月，专家组工作会议在北京召开，会议主要议题有：审定合同和各专题交账目标；体系结构专题、软件专题、下一代互联网络技术专题、中文处理与接口专题、重大应用示范专题软课题组组长分别汇报了各专题国内外研究开发现状与技术发展趋势、国内外经济和社会发展需求分析、专题发展战略等；讨论国产网络计算机（NC）与电子政务，并通报了创新奖励基金、共创联盟与开放源码的情况。

2002 年　2 月，专家组工作会议在北京召开，会议进一步明确了本主题的发展战略、目标和实施方案。

2002 年　2 月，科技部在北京召开信息领域战略目标论证会，郑南宁院士、怀进鹏等分别汇报了信息领域、计算机软硬件技术主题的发展战略目标，会议通过了论证。

2002 年　3 月，专家组工作会议在北京召开，会议根据科技部关于战略目标论证的有关要求与安排对主题战略目标论证报告进行了修订。会议还审议了新型网络服务器系统、高性能通用 CPU 芯片设计的合同，通报了国际合作等情况。

2002 年　4 月，科技部在北京召开了"网格战略研讨会"，科技部领导、应用领域、863 专家、国外同行共 80 余人参加了会议。科技部马颂德副部长到会作了重要讲话。

2002 年　4 月，863 数字奥运专题研讨会在北京召开，11 主题专家组、中文信息处理与接口技术总体组、首信集团等单位 50 余人参加了会议。梅宏代表专家组介绍了专家组面向科技奥运，从技术上突破关键技术的思路，奥林匹克运动会申办委员会侯欣逸处长介绍了数字奥运行动规划情况以及多语言信息服务的需求，会议围绕面向奥运的多语言信息服务系统展开了讨论。

2002 年　5 月，科技部高新技术发展及产业化司在北京召开 863 计划部分领域专家委员会和主题专家组全体会议，部署主题专家组调整工作。科技部马颂德副部长在会上作了重要讲话，李健司长布置了调整工作的具体安排和步骤。

2002 年　5 月，"国家 863 计划计算机软硬件技术主题创新奖励基金——浪潮服务器创新奖励基金"发布会在北京友谊宾馆举行。专家组组长怀进鹏在会上宣布了 863 计划计算机软硬件技术主题和浪潮集团联合设立创新基金的决定，并介绍了创新奖励基金的背景、意义、目的和奖励方向。主题通过设立基金奖励科技人员的创新和发展，密切科研开发和产业的关系，加快科技成果的转化，是 863 计划管理机制的有益尝试。

2002 年　5 月，863 计划信息技术领域办公室在北京召开了"国家 863 计划信息技术领域课题指南说明会"，有关单位的代表 200 多人参加了会议。怀进鹏在会上介绍了 11 主题的定位、总体目标、申请的注意事项等，并回答了有关问题。

2002 年　5 月，专家组工作会议在北京召开，会议就"十五" 863 计划重大专项"高性能计算机及其核心软件"可行性报告的修改稿进行了讨论，专家组同意专项的可行性论证报告，建议专项在实施过程中坚持需求牵引，加强重要应用网格的建设及网格应用中间件的研发。

2002 年　7 月，11 主题申请项目组外专家评审会在北京召开。此次评审共聘请了 32 位组外专家参加，专家组成员不参加课题的初审。并按专题方向成立 5 个评审组进行评审，经汇总共选出 88 项申请参加复审。

2002 年　7 月，科技部高新司信息处在北京举行了信息领域工作会议，李武强副司长向专家委及各主题、专项的专家颁发了聘书，并对各位专家的工作给予了高度的评价和肯定，鼓励专家在今后的工作中将 863 的精神继续发扬光大。

2002 年　7 月，专家组组织复审专家组对通过初审的 88 项课题申请进行复审。

2002 年　7 月，专家组工作会议在北京召开，专家组在初审、复审的基础上，根据本主题的"十五"目标、总体发展战略，以及第一批课题落实情况，确定了录取课题。

2002 年　8 月，国家科技部部长徐冠华、科技部高新司司长李健等视察了位于安徽省合肥市国家高新技术开发区的国家 863 计划成果产业化基地——科大讯飞公司，徐部长询问了讯飞公司目前的发展情况，并对所取得的成绩给予了充分肯定。徐部长还仔细观看了产品演示，并兴致勃勃地亲自试用了讯飞演示产品。

2002 年　8 月，专家组在长春举办了"智能化农业信息处理系统"技术培训班和经验交流会，来自北京、天津、云南、黑龙江、四川等全国 21 个示范区的学员，北京、吉林、黑龙江、安徽等农业专家系统平台单位的代表和山西大学项目评估组的专家共 100 余人参加了本次活动。

2002 年　9 月，专家组工作会议在北京召开，会议学习了"关于做好 863 计划近期工作有关要求的通知"；讨论了第二批课题合同签订的目标、指标要求等落实工作；讨论了第一批课题检查工作，并通报了高性能计算机及其核心软件重大专项、软件重大专项、奥运项目、CPU 项目西部行动计划等情况。

2002 年　9 月，科技部马颂德副部长、高新司副司长李武强等到云南考察电脑农业专家系统应用情况。先后到云南省宁蒗县永宁乡和宁利乡安乐村的电脑农业专家系统示范田进行现场考察。在宁蒗县电脑农业专家系统推广办公室观看了基层技术人员农业专家系统软件运行演示，并亲自操作计算机进一步了解专家系统决策具体过程。马副部长在完成现场考察和听完工作汇报后发表了重要讲话。

2002 年　9 月，"中国科学院计算所创新成就展"在北京长城饭店举行。怀进鹏组长在会上介绍了主题在"十五"期间重点支持通用 CPU 芯片设计的情况，这是主题六个 "一" 的研究重点的第一个。中国科学院在会上宣布：我国第一款商品化的通用高性能 CPU 芯片——拥有自主知识产权的 "龙芯" 1 号 CPU 流片成功，可大批量生产提供广大用户使用。"龙芯" 1 号 CPU 的研制成功标志着我国已初步掌握了当代 CPU 设计的关键技术，为改变我国信息产业 "无芯" 的被动局面迈出了重要的一步。

2002 年　10 月，863 中文语音技术标准化与产业化研讨会在安徽合肥举行。会议介绍了 863 计划在中文语音识别和语音合成方面开展的标准化工作情况、中文语音技术标准化工作进展、中文语音技术产品化与标准化等，并结合各自的工作就语音技术的标准化与产业化工作展开了热烈的讨论。

2002 年　10 月，"高性能计算环境及其核心软件" 专项第一次工作会议在上海召开。会议旨在使所有的课题承担单位能充分了解专项的目标、内容、指标，明确课题之间的相互关系，加强课题之间的联系和合作，共同商讨存在的问题及解决办法，以保证专项的顺利实施。

2002 年　10 月，第 62 次 MPEG 国际会议和第 28 次 JPEG 会议在上海浦东香格里拉饭店召开。这是继 2000 年 7 月第 53 次 MPEG 国际会议在北京举行后，MPEG 会议第二次在我国举行。来自 20 多个国家的 300 多位专家和 50 多位国内代表讨论了多媒体技术和标准的最新进展。JPEG 会议是该专家组成立近二十年后第一次在我国举行。

2002 年　11 月，专家组在北京召开了"863 计划重大应用项目技术交流会"，计算机主题中间件技术、城市信息化、城镇信息化、孵化器、中小企业信息化项目组共 50 多人参加了会议。

2002 年　11 月，专家组工作会议在北京召开，会议学习了科技部的有关文件；审查了第二批课题合同；对第一批课题中期进行了检查总结；布置了战略研讨年度报告的有关工作，并通报了西部行动计划工作会议、863 重大应用研讨会等情况。

2002 年　12 月，专家组在南京召开了"863 全国软件中间件技术及其应用研讨会"。会议研讨了软件中间件技术、产品及其应用的国内外研究与发展趋势，展示了我国在软件中间件技术产品和应用方面的成果，探讨 863 计划在软件中间件产品及应用方面的发展战略，为制定明年的课题指南做准备。

2002 年　12 月，专家组工作会议在北京召开，会议通报了信息领域各主题、专项专家组组长联席会议的情况，传达了领域办对近期工作的要求；讨论计算机主题 2002 年工作总结及专题战略研讨的情况，并通报了"缩小数字鸿沟——西部行动"专项的有关工作等情况。

2003 年　1 月，专家组工作会议在北京召开，会议的主要议程是战略研讨及讨论下一期指南、讨论 2002 年工作总结、讨论 2003 年工作重点及计划、讨论 CMM 紧急启动事宜、讨论 863 软件专业孵化器规划及相关文件、通报西部行动与 NC 情况、讨论浪潮基金有关工作等。

2003 年　2 月，专家组工作会议在北京召开，会议的主要议程是讨论下一期指南和确定指南框架、讨论 863 联办《关于 863 计划滚动支持和快速反应课题立项原则和程序的考虑》、讨论 2003 年度宣传计划及宣传材料，并通报了有关情况。

2003 年　2 月，专家组工作会议在北京召开，会议的主要议程是讨论确定下一期指南、讨论确定应用（城市信息化、孵化器）总体组、通报招标项目中期检查情况、通报 NC 有关工作等。

2003 年　4 月，专家组工作会议在北京召开，会议的主要议程是学习科技部有关文件、讨论软件中间件汇报、通报 NC 工作情况和讨论 NC 汇报及下阶段工作、讨论第三期课题定向委托部分及评审筹备工作，并通报了有关情况。

2003 年　4 月，国家 863 计划软件专业孵化器（上海）基地开工典礼在上海浦江镇举行。科技部高新司、上海市科委、863 计划计算机软硬件主题专家组、上海市政府有关厅局、闵行区政府的领导和专家，以及相关企业的代表 100 余人参加了开工典礼。

2003 年　4 月，由科技部高新司和火炬中心共同主办的 "2003 软件园主任暨 863 计划软件专业孵化器研讨会" 在北京举行。科技部副部长马颂德等领导出席了会议并作了重要讲话。科技部高新司李武强副司长在会上介绍了 " '十五' 期间 863 软件专业孵化器发展指导意见"。

2003 年　5 月，科技部马颂德副部长在科技部听取了 11 主题专家组关于计算机中间件技术汇报，专家组组长怀进鹏从软件技术与产业、中间件技术分析、主题目标与实施、主要问题与计划等四方面做了汇报。

2003 年　7 月，专家组根据科技部"关于下发《'十五'期间 863 软件专业孵化器发展指导意见》(试行)的通知"的要求，在北京组织召开了 863 软件专业孵化器实施方案评审会。湖南、大连、福建、天津、深圳、青岛、绵阳等 7 个孵化器的负责人分别汇报了孵化器的实施方案。

2003 年　8 月，网络终端计算机(NC)技术联盟成立大会在北京举行，来自国内 NC 开发、推广、应用的软硬件厂商、教育机构、服务机构的代表 100 多人参加了会议，NC 联盟是由 11 主题专家组倡议，在国家科技部、教育部、信息产业部、北京市科委的支持下，由国内著名的研究机构、高等学校、工商业企事业联合发起的非盈利的专业化 NC 推广组织。

2003 年　8 月，专家组工作会议在大连召开，会议的主要议程是通报近期工作、讨论课题滚动及课题检查工作，并围绕中文接口、数字播放、GPS 等技术应用，与东软集团进行了座谈。

2003 年　10 月，由 11 主题专家组、中科院软件所和国家农业信息化工程技术研究中心共同举办的"第二届智能化农业信息技术国际学术会议(ISIITA2003)"在北京召开。来自中国、美国、法国、荷兰、日本、希腊、乌克兰、以色列、尼日利亚、埃及、比利时、孟加拉国、印度、越南、加纳、土耳其、意大利和保加利亚等二十几个国家的专家，以及国内农业信息技术领域的技术人员等 170 多人参加了会议。

2003 年　10 月，专家组在北京中国科学院计算技术研究所举行了 2003 年度 863 计划中文信息处理与智能人机接口技术评测。本年度参加评测的系统共有 46 个，评测项目主要包括了机器翻译、分词标注、文本分类、自动文摘、全文检索、语音识别、语音合成、大字符集联机汉字识别等。

2003 年　11 月，专家组工作会议在北京召开，会议的主要议程是通报 2003 年度课题有关情况、讨论课题检查情况及总结、讨论课题滚动方案、讨论课题验收工作、讨论电脑农业有关工作、讨论软件孵化器有关工作等。

2003 年　11 月，中央政治局常委、全国人大常委会委员长吴邦国在安徽省相关省市领导的陪同下莅临国家 863 计划语音成果产业化基地——科大讯飞公司视察工作。科大讯飞公司总裁刘庆峰向委员长详细汇报了中文语音产业发展现状以及科大讯飞公司的相关情况，并重点汇报了讯飞承担的 863 项目——奥运信息服务系统的建设情况以及中文语音标准制定的工作进展。委员长对讯飞的汇报和演示十分满意，并要求讯飞一定要把奥运项目做好，要把最好的语音技术展现在世界面前。

2003 年　12 月，由国家 863 计划持续支持的"智能化农业信息技术应用示范工程"，在瑞士日内瓦举行的世界信息峰会上，获得世界信息峰会大奖（World Summit Award）。该奖项的获得标志着我国利用信息技术改造传统农业，促进农村社会经济发展，缩小数字鸿沟所做出的巨大努力，得到了世界的承认和好评。

2004 年　1 月，专家组工作会议在北京召开，会议的主要议程是讨论主题战略研讨工作、总结 2003 年度主要工作、讨论第一批课题验收、2004 年工作计划、软件专业孵化器有关工作以及评测工作。

2004 年　2 月，863 计划信息领域工作会议在北京香山饭店举行，高新司信息领域、信息领域专家委、各主题专家组的负责人出席了会议，科技部马颂德副部长出席了会议并作了重要指示。会议主要讨论了如何进一步突出重点，用什么样的成果向国家交账；怀进鹏汇报了 11 主题专家组的工作。

2004 年　2 月，专家组工作会议在北京召开，会议的主要议程是通报信息领域工作会议情况、传达马颂德副部长有关指示、第一批课题验收总结、讨论确定滚动项目，会议还对主题近期工作进行了讨论。

2004 年　3 月，863 NC 技术联盟在北京召开了 2004 年度工作会议。30 多家企业 50 多人参加了此次大会。联盟理事长李国杰院士对 NC 发展方向发表了讲话，希望 NC 的发展走一条符合我国国情的新型的信息化道路，以信息化带动工业化；副理事长梅宏重点就 NC 的前景及面临的问题、NC 评测规范和评测指标提出了建议，同时建议联盟秘书处设立全国性规范，成立工作小组；联盟秘书长李锦涛研究员对联盟工作进行总结并提出了下一步的工作计划。

2004 年　3 月，863 计划中文与接口基础资源库建设研讨会在北京召开，11 主题专家组、中文与接口专题总体组以及关键技术研究单位的专家参加了会议。与会专家认为基础资源库对于接口领域的相关关键技术的研究与应用具有十分重要的作用与意义；基础资源库下一步的发展一是要继续扩大规模，二是要针对不同的应用，加强对基础资源的深加工；同时要形成 863 的品牌，建立共享机制，扩大应用和影响力。

2004 年 5 月，国家科技部部长徐冠华、国家科技部党组成员尚勇等在四川省人民政府副省长柯尊平和四川省科技厅厅长杨国安等的陪同下出席了广安农业科技中心授牌仪式并参观了 863 广安电脑农业专家系统平台建设及示范应用情况，徐冠华部长对广安的 863 电脑农业专家系统平台建设和应用示范给予了充分肯定并高兴地指出，今年是邓小平同志诞辰 100 周年，国家科技部与四川省人民政府和广安市共同兴建了广安农业科技中心和 863 电脑农业专家系统应用示范，取得了可喜的成绩，为小平同志家乡的农业增效、农民增收作了一件实事、好事。这是全国科技战线以实际行动对"科学技术是第一生产力"的倡导者邓小平同志的深切缅怀。

2004 年 6 月，专家组工作会议在北京召开，会议的主要议程是通报科技部有关工作安排、讨论"十五"第一届专家组工作总结、讨论有关滚动项目、确定第一批课题验收意见、讨论延期课题验收安排，并通报了有关情况。

2004 年 6 月，科技部马颂德副部长、冯记春司长在国防大学、军事科学院听取了 863-11 主题军事领域重大应用示范项目"分布式战争综合研究与演练环境"的工作汇报。马颂德副部长听完汇报及观看演示后指出：国防大学、军事科学院等单位在国家 863 计划的支持下，通过军民结合，在战略、战役和战术三个层次上的战争模拟应用中取得重要进展，为推进中国特色的新军事变革做出应有的贡献。

2004 年　7 月，科技部副部长邓楠在四川省省委副书记刘鹏等的陪同下，参观了广安农业科技中心及 863 广安电脑农业专家系统示范应用情况后，对广安的农业信息化网络平台建设和 863 电脑农业应用示范给予了充分肯定和高度评价，并要求四川及广安要不断加大力度，加快进度完善和推动 863 广安电脑农业专家系统的应用辐射工作切实带动广安农民增收致富。

2004 年　7 月，11 主题专家组换届工作会议举行，怀进鹏代表主题专家组汇报了主题 3 年来所做的工作及进展，并对个人的工作做了总结；李明树、梅宏、王怀民作了述职报告；候选人吕建、徐波等作了竞聘报告。

2004 年　8 月，"十五" 863 计划（民口）第二届领域专家委员会和主题专家组成立大会在京召开，科技部徐冠华部长、李学勇副部长、马颂德副部长、张景安秘书长、李健副秘书长等有关领导出席了会议。总装备部、财政部、教育部、中科院等有关单位以及 863 计划监督委员会有关专家出席了会议。会议宣布了 "十五" 863 计划第二届领域专家委员会和主题专家组名单，并向新一届专家颁发了聘书。徐冠华部长和马颂德副部长分别发表了重要讲话。怀进鹏代表续聘专家在大会上发言。

2004 年　8 月，11 主题新专家组 2004 年第一次工作会议在北京召开，新一届专家组怀进鹏、吕建、梅宏、王怀民、徐波参加了会议，科技部高新司信息处梅建平等出席了会议，会议还邀请上届专家组专家钱德沛、李明树、唐志敏、刘澎参加了会议。会议的主要议程是主题发展战略研讨，主题新专家组工作分工、讨论主题拟滚动方案，并通报了有关情况。

2004 年　9 月，专家组工作会议在北京召开，会议的主要议程是讨论修改"中长期规划纲要及建议"、讨论快速启动项目、讨论主题已滚动课题方案论证工作及部分课题验收工作、讨论滚动项目等。

2004 年　9 月，11 主题与 12 主题就各自主题在网络技术方面工作进展交换了信息，就滚动课题的定位和目标交换了意见，根据科技部"十五" 863 计划在网络技术方面的总体分工，11 主题重点开展"下一代互联网实验环境"的研究，12 主题重点开展 IPv6 核心路由器的研制。

2004 年　9 月，专家组工作会议在长沙召开，会议的主要议程是讨论中间件及其应用交账思考、讨论了中间件评测课题有关评测的问题、讨论了中文信息处理和智能人机接口工作重点、奥运多语言智能信息服务系统关键技术及示范系统研究课题的有关情况、讨论了孵化器技术支持中心方案，并讨论了 863 成果展示预案。

2004 年　10 月，专家组工作会议在北京召开，会议的主要议程是通报滚动课题进展、讨论了上海孵化器开园活动的内容、讨论了中间件集成的建议、讨论了孵化器技术总体组近期工作安排和细化的技术支持中心方案、讨论了中间件专业研发中心建设及其管理办法，会议还通报了有关工作。

2004 年 10 月，2004 年度 863 计划中文信息处理与智能人机接口技术评测活动的现场测试工作在中国科学院计算技术研究所完成。本年度的评测内容包括 8 个大项，22 个分项，105 个系统参加了评测。

2004 年 11 月，国家 863 软件专业孵化器——河南软件产业基地开工奠基仪式，科技部高新司、863 计划 11 主题专家组，河南省省政府、省科技厅、省信息产业厅、省发改委、省建设厅、郑州市政府的领导及部分专家为项目奠基。

2004 年 11 月，专家组工作会议在无锡召开，会议的主要议程是各责任专家介绍课题合同签订情况，以及初步凝练的"十五"末各部分交账指标，会议讨论了中间件集成的建议，通报了孵化器工作会议等有关工作。会议期间，专家组还参观了中创昆山软件园、总参 56 所，并就中间件的产业化等进行了交流。

2004 年 11 月，专家组在北京召开 863 软件专业孵化器工作会议，讨论如何加强 863 软件专业孵化器技术支撑环境建设，促进 863 技术成果的转化。会上 863 软件专业孵化器技术总体组组长梅宏介绍了专家组对孵化器建设工作的思路，各孵化器课题就建设中遇到的问题与总体组进行了探讨。

2004 年 11 月 19 日上午，中共中央政治局常委李长春在安徽省相关领导的陪同下视察了国家 863 计划成果产业化基地——科大讯飞公司，讯飞总裁刘庆峰博士向李长春一行详细汇报了中文语音产业现状和科大讯飞发展情况，以及语音技术在信息化建设等方面的创新成果。

2004 年 12 月，专家组工作会议在北京召开，会议的主要议程是：讨论 863 软件专业孵化器技术支持中心建设方案、听取中间件测试课题、奥运课题的工作报告、讨论中间件集成方案、讨论 2004 年度"浪潮高性能计算创新奖"、讨论 2004 年度工作总结及 2005 年工作计划、布置战略研讨工作、讨论快速启动课题、讨论验收工作，会议还通报了有关中英合作的情况、2004 年度中文信息处理与智能人机接口技术评测的情况等。

2004 年 12 月，11 主题专家组与浪潮集团在北京举行 2004 年度"浪潮高性能计算创新奖"发布会，公告 2004 年度"浪潮高性能计算创新奖"重点奖励方向，包括高性能计算机系统体系结构、面向高性能计算的系统软件、高性能科学计算与高性能商用计算重大应用系统等。

2004 年 12 月，11 主题专家组在北京召开"863 计划智能化农业信息技术工作会议"。会议主要内容是检查智能化农业信息技术课题的工作进展、交流和总结我国智能化农业信息技术应用推广的经验、研讨我国智能化农业信息技术未来发展方向、部署 863 计划下阶段工作重点，来自 16 个示范区、4 个平台、1 个研发中心的 40 多位代表出席了会议。

2004 年 12 月，专家组工作会议在北京召开，会议的主要议程：讨论中间件集成方案、863 数字媒体技术产业化基地、主题 2004 年工作总结、快速启动课题等，会议还通报了 2004 年度浪潮高性能计算创新奖等有关工作。

2005 年 1 月，863 计划信息领域工作总结会在北京举行，怀进鹏代表计算机软硬件技术主题专家组做总结报告。

2005年　1月，专家组工作会议在长沙召开，会议的主要议程是：检查长沙孵化器课题，中间件集成动员，讨论布置战略研讨工作。

2005年　2月，组织召开"十一五"863计划计算机技术发展战略研讨会，会议邀请李国杰、谭铁牛、郭云飞、高文、怀进鹏做了大会报告，70多位研究机构和企业界的代表分别就下一代网络技术、软件、数字媒体和内容处理等内容展开了研讨。

2005年　2月，专家组工作会议在北京召开，会议的主要议程是：发展战略研讨，中间件集成工作汇报，通报了"奥运多语言综合信息服务系统"评审会的有关情况等。

2005年　3月，专家组工作会议在上海召开，会议的主要议程是：学习文件，通报战略规划工作，通报软件、服务器、NC在领域4443框架中的调整目标，讨论CPU相关工作，讨论课题滚动与快速启动课题，讨论验收计划。

2005年　3月，11主题在北京组织四方国件相关课题组进行为期一周的封闭开发。

2005年　3月，专家组工作会议在北京召开，会议的主要议程是：讨论滚动及快速反应课题，讨论软件大赛，关于上海孵化器开园活动，讨论浪潮基金工作。

2005年　4月，专家组工作会议在北京召开，会议的主要议程是：通报滚动及快速反应课题进展，通报2005年启动重点课题情况，讨论上海孵化器开园活动，讨论北辰NC课题。专家组会议期间，还召开了"四方国件推介会"、"孵化器工作会议"、"中间件评测工作会"。

2005 年　5 月，专家组工作会议在南京召开，会议的主要议程是：讨论中法合作，讨论上海孵化器开园活动，讨论2005 年启动重点课题，通报有关情况，审议 2005 年新立课题合同，讨论 2004 年课题阶段检查。

2005 年　6 月，专家组工作会议在北京召开，会议的主要议程是：讨论浪潮高性能计算创新奖评审工作，通报奥运课题进展，通报"十一五"规划方案论证会建议方案，通报 863 "十五展"工作，讨论上海孵化器开园活动相关工作。

2005 年　6 月，国家数字媒体技术产业化基地工作会议在成都召开，科技部高新司副司长廖小罕主持了会议，北京、上海、长沙、成都基地的代表共 40 多人参加了会议。

2005 年　6 月，"国家数字媒体技术产业化基地(四川成都)"揭牌仪式在成都高新区国家软件园区数字娱乐软件园举行。科技部副部长李学勇，四川省政府副省长柯尊平，成都市市长葛红林等领导出席了揭牌仪式。科技部高新司副司长廖小罕宣读了科技部批准组建"国家数字媒体技术产业化基地"的批文，李学勇副部长、柯尊平副省长和葛红林市长共同为国家数字媒体技术产业化基地(四川成都)揭牌。

2005 年　6 月，信息领域工作会在京召开，会议主要确定"十一五"主题专项内容。

2005 年　6 月，专家组工作会议在北京召开，会议的主要议程是：通报 863 信息领域专家委长沙会议情况，通报"十一五"规划工作组会议情况，通报数字媒体基地工作会议情况，讨论申请课题有关工作，讨论中法合作，布置参加"十五"863展。

2005 年　7月，专家组工作会议在北京召开，会议的主要议程是：讨论2005年快速反应和滚动课题，通报"十一五"规划情况，讨论主题总结工作，讨论龙芯 CPU 的请示报告。

2005 年　9月—11月，专家组举行了2005年度863计划中文信息处理与智能人机接口技术的评测。旨在进一步了解国内外在中文信息处理和智能人机接口技术领域的现状，检查 11 主题中相关课题的进展情况，促进交流和提高，推动技术进步和成果的应用与产业化，并为863计划课题验收和下一轮课题评选打下基础。

2005 年　9月，国家重大成就展在海淀展览馆举行。11主题组织了 NC、中间件、奥运应用等 10 多个项目参展。

2005 年　10月，由 11 主题专家组和国家农业信息化工程技术研究中心共同举办的"第三届智能化农业信息技术国际学术会议"在北京举行。来自中国、美国、英国、法国、德国、希腊、日本、印度、韩国、印度尼西亚、越南、巴基斯坦等十几个国家的专家学者以及国内农业信息技术领域的研究应用人员近150位参加了会议。

2005 年　10月，专家组工作会议在北京召开，会议的主要议程是：讨论中法合作工作，讨论验收工作，会议通报了数字媒体总体组近期工作、"十一五"规划工作、863展览情况、电脑农业国际会议情况、各孵化器开展软件大赛情况等。

2005 年　11月，中法合作管理委员会在上海召开工作会，会议听取中法合作多核 CPU，龙芯 CPU、中间件等课题的汇报，会上还签署了中法中间件合作备忘录。

2005 年　12 月，专家组工作会议在长沙召开，会议的主要议程是：讨论主题工作总结，通报了数字媒体总体组近期工作、数字媒体基地论证情况、数字媒体白皮书的进展等，讨论了"中英网格课题"。

2005 年　12 月，首届河南省青年创新软件设计大赛颁奖典礼在郑州艺术宫隆重举行。河南省人民政府贾连朝副省长，科技部高新司许倞副司长、尉迟坚处长，专家组组长怀进鹏，相关单位及参赛的大学生代表约 1500 人参加了颁奖典礼。

2005 年　12 月，《2005 中国数字媒体技术发展白皮书》发布会在京举行，科技部高新司信息处、863 计划计算机软硬件技术主题专家组，以及北京、上海、四川、湖南科委及数字媒体技术基地的领导与代表 30 余人参加了会议。

2005 年　12 月，"2005 年度浪潮高性能计算创新奖励基金颁奖暨 2006 年度成果征集发布会"在京隆重举行。共 7 个项目荣获 2005 年度浪潮高性能计算创新奖。国家科技部、国家科技奖励工作办公室、11 主题专家组、浪潮高性能计算创新奖励基金管理委员会以及浪潮集团等单位的领导和专家出席了本次会议。

2005 年　12 月，专家组工作会议在北京召开，会议的主要议程是：讨论主题工作总结，讨论中文信息处理与人机接口 2005 年评测等。

863 计划计算机主题支持的
历届获国家科技奖成果

年份	国家奖名称	奖励级别	项目名称	主要完成人	第一完成单位
1990 年	科技进步奖	三等奖	印刷体汉字文本识别系统	张忻中，阎昌德，刘秀英，赵燕南，杨德顺	北京信息工程学院
1991 年	科技进步奖	三等奖	多字体多字号印刷体汉字识别系统	吴佑寿，丁晓青，杨淑兰，郭繁夏，黄晓非	国家教委
1993 年	科技进步奖	二等奖	指纹自动识别系统	石青云，边肇祺，沈学宁，仇桂生，程民德，盛晶，荣钢，张津燕，李小平	北京大学
1995 年	科技进步奖	一等奖	智能型英汉机器翻译系统 IMT/EC-863	陈肇雄，张祥，王惠临，干晓英，王文才，陈强，哈弼亮，葛伟强，黄河燕，韩向阳，沈文琛，张秀宏，洪琳，张玉洁，陈桂明	中国科学院计算技术研究所
1995 年	科技进步奖	二等奖	曙光一号智能化共享存储多处理机系统	李国杰，陈鸿安，樊建平，刘金水，李如昆，刘晓华，隋雪青，韦明，祝明发	中国科学院计算技术研究所
1995 年	科技进步奖	三等奖	工程图纸自动输入处理、CAD 及档案管理系统	刘积仁，柳玉辉，赵宏，李春山，袁淮	东北大学
1995 年	科技进步奖	三等奖	AV-100 表格自动阅读机	潘保昌，汪同庆，郑胜林，黄尚廉，李明	重庆大学
1995 年	科技进步奖	三等奖	联机手写体汉字输入分析系统	舒文豪，唐降龙，李铁才，王福四，刘家峰	哈尔滨工业大学
1996 年	科技进步奖	三等奖	施肥专家系统	熊范纶，陈军，张屹，李淼，孙芙英	中国科学院合肥智能机械研究所
1996 年	科技进步奖	三等奖	工程图及工程图表的自动输入与智能识别	周济，常明，朱林，朱建新，郭丙炎	华中理工大学
1997 年	科技进步奖	一等奖	曙光 1000 大规模并行计算机系统	李国杰，祝明发，杜晓黎，董向军，孙凝晖，侯建如，张兆庆，刘文卓，王川宝，刘宏，张艳，董国平，乔如良，樊建平，陈鸿安	中国科学院计算技术研究所
1997 年	科技进步奖	二等奖	TRS 全文信息管理系统	苏东庄，施水才，王弘蔚，都云程，肖诗斌，鲁倩，王涛，田文伟，李渝勤	易宝北信信息技术有限公司
1998 年	科技进步奖	二等奖	大型软件开发环境青鸟系统	杨芙清，邵维忠，梅宏，陈钟，王立福，朱三元，金茂忠，钱乐秋，黄柏素	北京大学
1998 年	科技进步奖	二等奖	计算机网络产品 SED-08 路由器	深圳桑达电信技术有限公司，清华大学（张尧学，盖峰，赵艳标，周蓬，汪黄涛，杨名余，沈润洲，程鸿博）	清华大学
1999 年	科技进步奖	二等奖	THOCR-97 综合集成汉字识别系统	丁晓青，吴佑寿，郭繁夏，刘长松，陈明，征荆，林晓帆，郭宏，彭良瑞	清华大学
1999 年	科技进步奖	三等奖	保险业务综合管理信息系统	孙玉芳，左春，谢中阳，邢立，陈振坤	中国科学院软件研究所

续表

年份	国家奖名称	奖励级别	项目名称	主要完成人	第一完成单位
1999 年	科技进步奖	三等奖	分布式多媒体信息支持平台及应用系统	刘积仁，赵宏，袁淮，张霞，曹枝墙	东北大学
2000 年	科技进步奖	二等奖	数字视频广播编码传输与接收系统	高文，陈熙霖，高鹏飞，张晶，赵德斌，何锦，赵巍，屈冬生，刘伟，贺思敏	哈尔滨工业大学
2000 年	科技进步奖	二等奖	曙光计算机应用示范（天津）工程	寇纪淞，马其慧，韩维恒，李宝纯，孙富元，王俊铁，张洪奎，周时悌，万家泰，郝淳海	天津天大天财股份有限公司
2000 年	科技进步奖	二等奖	数值气象预报的并行计算技术	颜宏，金之雁，施培量，王建捷，董敏，刘金达，伍湘君，洪文董，刘志远，张德新	国家气象中心
2001 年	科技进步奖	一等奖	汉王形变连笔的手写识别方法与系统	刘迎建，戴汝为，李明敬，陈勇，张学军，张立清，钮兴昱，马梁，王红岗，李志峰，刘昌平，高涛，肖志宏，秦建辉	北京汉王科技有限公司
2001 年	科技进步奖	二等奖	安徽省防灾减灾智能信息与决策支持系统	陈国良，黄刘生，陈华平，安虹，王学祥，邵晨曦，丁卫群，王洵，郑启龙，徐慧	中国科学技术大学
2001 年	科技进步奖	二等奖	维汉声图文一体化信息处理综合系统	吾守尔·斯拉木，吐尔根，伊力哈木·艾亚斯，刘勇军，地力夏提，依布拉音·吾斯曼，麦尔哈巴·艾力，帕尔哈提，毛巨达，瓦热斯江·阿布都克力木	新疆大学
2001 年	科技进步奖	二等奖	曙光 2000 超级服务器系统	孙凝晖，徐志伟，祝明发，李国杰，肖利民，侯建如，孟丹，毛永捷，历军，张佩珩	中国科学院计算技术研究所
2001 年	科技进步奖	二等奖	高速网络路由器 SED-08B	张尧学，王晓春，何兵，宋建平，白文进，邵巍，赵艳标，马洪军，楼颖，盖峰	清华大学
2002 年	科技进步奖	二等奖	KD 系列汉语文语转换系统	王仁华，刘庆峰，尹波，胡郁，吴晓如，胡国平，陈涛，唐浩，黄海兵，郭武	中国科学技术大学
2002 年	科技进步奖	二等奖	个人计算与移动计算相结合的算通机技术	高文，谢耘，刘晓炜，钱跃良，李锦涛，李晓光，李建邺，刘德喜，颜洪涛，梁小霞	中国科学院计算技术研究所
2002 年	科技进步奖	二等奖	网络分布软件支撑平台及石化应用示范工程	冯玉琳，张志檬，戴国忠，刘伯龙，李京，赵建华，黄涛，赵日峰，王宏安，蒋白桦	中国科学院软件研究所
2002 年	科技进步奖	二等奖	交易中间件 TongEASY	朱律玮，牛合庆，张齐春，许丽丽，刘川，代卫兴	北京东方通科技发展有限责任公司
2003 年	科技进步奖	二等奖	曙光 3000 和可扩展并行计算机系统	孙凝晖，徐志伟，李国杰，樊建平，孟丹，杜晓黎，侯建如，张佩珩，肖利民，马捷	中国科学院计算技术研究所

年份	国家奖名称	奖励级别	项目名称	主要完成人	第一完成单位
2003年	科技进步奖	二等奖	面向对象的分布计算软件平台 StarBus	王怀民，吴泉源，贾焰，邹鹏，杨树强，史殿习，周斌，刘惠，韩伟红，高洪奎	中国人民解放军国防科学技术大学
2003年	科技进步奖	二等奖	Hopen 嵌入式操作系统	钟锡昌，王新社，韦忠，高悦，丁未，于欣鸣，许晶，赵征，苏晓峰，汤晋琪	北京中科院软件中心有限公司
2003年	科技进步奖	二等奖	分布式虚拟现实应用系统开发与支撑环境	赵沁平，吴威，沈旭昆，李思昆，王精业，吴恩华，郝爱民，梁晓辉，姚益平，赵龙	北京航空航天大学
2003年	科技进步奖	二等奖	大规模断层数据的分割和三维重建及其应用	田捷，何晖光，张晓鹏，张兆田，李恩中，周曙光，赵明昌，杨鑫，葛行飞，李光明	中国科学院自动化研究所
2003年	科技进步奖	二等奖	基于多功能感知理论的中国手语识别与合成研究	高文，尹宝才，王兆其，陈熙霖，马继涌，王春立，陈益强，宋益波，方高林，杨长水	中国科学院计算技术研究所
2003年	科技进步奖	二等奖	高性能东方文字文档智能全信息数字化系统	丁晓青，刘长松，吴佑寿，陈明，彭良瑞，方驰，张嘉勇，文迪，郭繁夏，郑冶枫	清华大学
2004年	技术发明奖	二等奖	基于索普卡（SOPCA）网络结构的索普卡电脑	张尧学，周悦芝，徐虹，陈勍，彭玉坤，王勇	
2004年	自然科学奖	二等奖	视觉计算理论与算法研究	马颂德，谭铁牛，胡占义，蒋田仔，卢汉清	
2004年	科技进步奖	二等奖	基础设施信息网络管理系统生产平台技术	李未，吕卫锋，周刚，周冰，夏寅贲，徐莹，周珊，高欣，康建初，郎昕培	北京航空航天大学
2004年	科技进步奖	二等奖	联想深腾 1800 大规模计算机系统	祝明发，肖利民，杜晓黎，陆卫东，贺志强，孙育宁，程菊生，郝沁汾，刘军，吴雪丽	联想（北京）有限公司
2004年	科技进步奖	二等奖	浪潮 64 位高性能服务器	王恩东，赵瑞东，李金，胡雷钧，郑子亮，张海涛，姚萃南，公维锋，李汝雷，常瑞东	浪潮电子信息产业股份有限公司
2005年	技术发明奖	二等奖	虹膜图像获取与识别技术	谭铁牛，王蕴红，马力，孙哲南，崔家礼，朱勇	
2005年	科技进步奖	二等奖	IPv6 核心路由器	吴建平，徐明伟，赵有健，徐恪，付立政，尹霞，张小平，毕军，崔勇，李昭	清华大学
2005年	科技进步奖	二等奖	软件过程服务技术及集成管理系统	李明树，王青，武占春，赵琛，李怀璋，蒋晖，雷辉，周津慧，王永吉，张晓刚	中国科学院软件研究所
2005年	科技进步奖	二等奖	面向领域的软件生产平台 SoftProLine	怀进鹏，张文燚，刘旭东，李先贤，龙翔，杜宗霞，李扬，傅纪东，刘悟，彭环珂	北京航空航天大学
2005年	科技进步奖	二等奖	人脸识别理论、技术、系统及其应用	高文，张青，山世光，陈熙霖，曾文斌，赵德斌，陈军，曹波，王国田，苗军	中国科学院计算技术研究所

续表

年份	国家奖名称	奖励级别	项目名称	主要完成人	第一完成单位
2005 年	科技进步奖	二等奖	国家网格主结点——联想深腾 6800 超级计算机	祝明发，肖利民，孙育宁，柳书广，阎保平，贺志强，迟学斌，郝沁汾，杜晓黎，史小冬	联想（北京）有限公司
2006 年	科技进步奖	二等奖	基于 Internet，以构件库为核心的软件开发平台	杨芙清，梅宏，谢冰，赵文耘，赵俊峰，张路，张世琨，王亚沙，麻志毅，赵海燕	北京大学
2006 年	科技进步奖	二等奖	曙光 4000 系列高性能计算机	孙凝晖，孟丹，张佩珩，马捷，冯圣中，熊劲，安学军，严隽琪，杨晓君，詹剑锋	中国科学院计算技术研究所
2006 年	科技进步奖	二等奖	分布交互仿真应用程序开发与运行平台	赵沁平，吴威，周忠，段作义，刘钟书，唐少刚，刘鹏，魏晟，张彦，蔡楠	北京航空航天大学
2006 年	科技进步奖	二等奖	汉王 OCR 技术及应用	刘昌平，刘迎建，李志峰，刘正珍，黄磊，丁迎，江世盛，张浩鹏，朱军民，吴显礼	中国科学院自动化研究所
2006 年	科技进步奖	二等奖	新一代互联网高性能路由器	苏金树，卢泽新，王宝生，王勇军，吴纯青，陈晓梅，时向泉，孙志刚，彭伟，陈一骄	中国人民解放军国防科学技术大学
2006 年	科技进步奖	二等奖	对象化与主体化的软件协同技术、平台与应用	吕建，马晓星，陶先平，骆斌，吕军，胡昊，冯新宇，曹建农，徐锋	南京大学
2006 年	科技进步奖	二等奖	农业专家系统研究及应用	赵春江，吴泉源，刘大有，王亚东，杨宝祝，钱跃良，刘永泰，胡木强，陆文龙，李光灿	北京农业信息技术研究中心
2007 年	科技进步奖	二等奖	高性能集群计算机与海量存储系统	郑纬民，舒继武，王鼎兴，汪东升，陈文光，杨广文，温冬婵，鞠大鹏，张悠慧，余宏亮	清华大学
2007 年	科技进步奖	二等奖	中国国家网格	钱德沛，徐志伟，谢向辉，肖侬，杨广文，迟学斌，查礼，陆忠华，奚自立，张永波	北京航空航天大学
2008 年	技术发明奖	二等奖	构件化应用服务器核心技术与应用	梅宏，杨芙清，黄罡，王千祥，周明辉，曹东刚	
2008 年	科技进步奖	二等奖	农业智能系统技术体系研究与平台研发及其应用	熊范纶，李淼，张建，王儒敬，张俊业，宋良图，李绍稳，胡海瀛，崔文顺，黄兴文	中国科学院合肥物质科学研究院
2008 年	科技进步奖	二等奖	TH-ID 人脸和笔迹生物特征身份识别认证系统	丁晓青，方驰，王争儿，刘长松，彭良瑞，马勇，王贤良，杨琼，吴佑寿，王生进	清华大学
2009 年	科技进步奖	二等奖	高效能服务器与存储技术创新工程		浪潮集团有限公司
2009 年	科技进步奖	二等奖	天梭 30000 高端商用服务器系统	王恩东，董小社，胡雷钧，伍卫国，王守昊，尹宏伟，钱德沛，庄文君，李金，薛正华	浪潮电子信息产业股份有限公司
2009 年	科技进步奖	二等奖	大规模网络安全监控数据库系统	邹鹏，贾焰，杨树强，吴泉源，童晓民，刘欣然，韩伟红，舒敏，李爱平，周斌	中国人民解放军国防科学技术大学

续表

年份	国家奖名称	奖励级别	项目名称	主要完成人	第一完成单位
2010 年	技术发明奖	二等奖	基于虚拟超市技术的大规模网络资源管理及其应用	蒋昌俊，陈闳中，闫春钢，丁志军，方钰，曾国荪	
2010 年	科技进步奖	二等奖	网络教育关键技术及示范工程	顾冠群，罗军舟，曹玖新，郑庆华，史元春，虞啸平，吉逸，刘彭芝，于斌，王杉	东南大学
2010 年	科技进步奖	二等奖	百万册数字图书馆的多媒体技术和智能服务系统	庄越挺，潘云鹤，高文，黄铁军，吴江琴，田永鸿，竺海康，肖珑，秦曾复，洪修平	浙江大学
2011 年	技术发明奖	二等奖	特征敏感的三维模型几何处理技术及应用	胡事民(清华大学)，查红彬(北京大学)，刘永进(清华大学)，唐卫清(北京中科辅龙计算机技术股份有限公司)，任继成(北京中科辅龙计算机技术股份有限公司)，张国鑫(清华大学)	
2011 年	科技进步奖	二等奖	智能语音交互关键技术及应用开发平台	刘庆峰，王仁华，胡郁，吴晓如，戴礼荣，胡国平，王智国，吴及，凌震华，魏思	中国科学技术大学
2011 年	科技进步奖	二等奖	综合型语言知识库	俞士汶，穗志方，常宝宝，刘扬，段慧明，朱学锋，孙斌，吴云芳，李素建，陆俭明	北京大学
2011 年	科技进步奖	二等奖	跨行业的嵌入式系统软件平台 SMART 及其应用	陈纯，卜佳俊，应放天，陈刚，鲁东明，陈天洲，史烈，沈炜，季白杨，李志华	浙江大学
2011 年	科技进步奖	二等奖	面向安全监控的视频内容理解技术与应用	谭铁牛，黄凯奇，王宏志，王亮生，李尚明	中国科学院自动化研究所
2011 年	科技进步奖	二等奖	网构软件技术、平台与应用	吕建，李宣东，张成志，马晓星，陶先平，曾庆凯，许畅，吕军，李俊，曹春	南京大学
2011 年	科技进步奖	二等奖	网络软件基础架构平台（网驰 ONCE）技术和系统	黄涛，冯玉琳，魏峻，左春，钟华，金蓓弘，张文博，叶丹，杨燕，王伟	中国科学院软件研究所
2011 年	科技进步奖	二等奖	面向数字化医疗的医学图像关键技术研究及应用	陈雷霆，蒲立新，蔡洪斌，江捍平，余元龙，邱航，曹跃，卢光辉，刘煜岗，罗乐宣	电子科技大学
2011 年	自然科学奖	二等奖	计算机网络资源管理的随机模型与性能优化	林闯(清华大学)，李波(香港科技大学)，任丰原(清华大学)，尹浩(清华大学)，蒋屹新(清华大学)	
2012 年	技术发明奖	二等奖	面向海量用户的新型视频分发网络	尹浩(清华大学)，邱锋(清华大学)，林闯(清华大学)，张焕强(北京蓝汛通信技术有限责任公司)，许会荃(蓝汛网络科技(北京)有限公司)，王松(北京蓝汛通信技术有限责任公司)	
2012 年	技术发明奖	二等奖	基于大形变和低质量的指纹加密方法与应用	田捷(中国科学院自动化研究所)，杨鑫(中国科学院自动化研究所)，梁继民(西安电子科技大学)，庞辽军(西安电子科技大学)，曹凯(西安电子科技大学)，杨春林(北京天诚盛业科技有限公司)	

续表

年份	国家奖名称	奖励级别	项目名称	主要完成人	第一完成单位
2012年	科技进步奖	二等奖	数字视频编解码技术国家标准AVS与产业化应用	高文，黄铁军，虞露，何芸，马思伟，陈熙霖，王国中，张爱东，张恩阳，梁凡	北京大学
2012年	科技进步奖	二等奖	大规模网络信息监测与服务系统关键技术及应用	程学旗，王丽宏，余智华，查礼，许洪波，张瑾，廖华明，王元卓，郭嘉丰，郝晓伟	中国科学院计算技术研究所
2013年	技术发明奖	二等奖	下一代互联网4over6过渡技术及其应用	吴建平(清华大学)，崔勇(清华大学)，李星(清华大学)，徐明伟(清华大学)，赵慧玲(中国电信集团公司)，蒋胜(华为技术有限公司)	
2013年	科技进步奖	二等奖	曙光高效能计算机系统关键技术及应用	孙凝晖，张佩珩，聂华，安学军，霍志刚，王普勇，陆健，沙超群，谭光明，李根国	中国科学院计算技术研究所
2014年	技术发明奖	二等奖	汽车电子嵌入式平台技术及应用	吴朝晖(浙江大学)，李骏(中国第一汽车集团公司)，吴成明(浙江吉利汽车研究院有限公司)，杨国青(浙江大学)，陈文强(浙江吉利汽车研究院有限公司)，李红(浙江大学)	
2014年	技术发明奖	二等奖	可视素材内容驱动的虚拟场景生成技术及应用	陈小武(北京航空航天大学)，赵沁平(北京航空航天大学)，王莉莉(北京航空航天大学)，周忠(北京航空航天大学)，邹冬青(北京航空航天大学)，白相志(北京航空航天大学)	
2014年	技术发明奖	二等奖	主动对象海量存储系统及关键技术	冯丹(华中科技大学)，王芳(华中科技大学)，施展(华中科技大学)，童薇(华中科技大学)，叶郁文(中兴通讯股份有限公司)，熊晖(杭州海康威视数字技术股份有限公司)	
2014年	科技进步奖	一等奖	高端容错计算机系统关键技术与应用	王恩东，胡雷钧，张东，张峻，黄家明，夏军，林楷智，尹宏伟，王守昊，林磊明，乔鑫，陈彦灵，吴楠，乔英良，陈继承	浪潮集团有限公司
2014年	科技进步奖	二等奖	虚拟机运行支撑关键技术与应用	管海兵，邵宗有，董振江，顾炯炯，陈海波，戚正伟，李光亚，梁阿磊	上海交通大学
2015年	自然科学奖	二等奖	视觉模式的局部建模及非线性特征获取理论与方法研究	陈熙霖(中国科学院计算技术研究所)，山世光(中国科学院计算技术研究所)，高文(北京大学)，王瑞平(中国科学院计算技术研究所)，柴秀娟(哈尔滨工业大学)	
2015年	技术发明奖	二等奖	基于网络的软件开发群体化方法及核心技术	王怀民(中国人民解放军国防科学技术大学)，谢冰(北京大学)，孙海龙(北京航空航天大学)，魏峻(中国科学院软件研究所)，尹刚(中国人民解放军国防科学技术大学)，周明辉(北京大学)	

续表

年份	国家奖名称	奖励级别	项目名称	主要完成人	第一完成单位
2015年	技术发明奖	二等奖	面向社区共享的高可用云存储系统	郑纬民(清华大学)，武永卫(清华大学)，舒继武(清华大学)，余宏亮(清华大学)，陈康(清华大学)，姜进磊(清华大学)	
2015年	科技进步奖	二等奖	大规模网络流媒体服务关键支撑技术	金海，廖小飞，程斌，陈汉华，马国强，朱在国，刘智聪	华中科技大学
2015年	科技进步奖	二等奖	基于大数据的互联网机器翻译核心技术及产业化	王海峰，吴华，宗成庆，刘挺，刘洋，姜晓红，刘群，马艳军，胡晓光，何中军	北京百度网讯科技有限公司
2015年	科技进步奖	二等奖	普适计算软硬件关键技术与应用	史元春，潘纲，陈渝，吕勇强，李石坚，孙育宁，奉飞飞，刘威，史兴国，朱珍民	清华大学